Rosita Robles

Maritza Pastrana Muriel

Fundamentos de Matemáticas

editorial EDP UNIVERSITY

ISBN: 978-1-942352-73-0

Segunda edición: 2023

Diseño de Portada: Linnette Cubano García

Diagramación: Linnette Cubano García

EDP University of Puerto Rico, Inc.
Ave. Ponce de León 560
Hato Rey, P.R.
PO Box 192303
San Juan, P.R. 00919-2303

www.edpuniversity.edu

Editorial EDP

Prólogo

"Las matemáticas parecen dotar a uno de un nuevo sentido"
Charles Darwin
"La Matemática es la más grande aventura del pensamiento"
Jesús Mosterín

Enseñar Matemáticas y lograr de que al estudiante le guste y esté motivado, es una tarea difícil. Muchos estudiantes a veces se preguntan: ¿por qué estudiar matemáticas y para qué nos sirven en la vida diaria?

Las matemáticas son fundamentales para el desarrollo intelectual del ser humano, les ayudan a ser lógicos, a razonar ordenadamente y a tener una mente preparada para el pensamiento y la crítica. Se consideran la principal herramienta con la que los seres humanos han podido comprender el mundo a su alrededor. Son muchas las actividades de la vida cotidiana que tienen relación con esta ciencia, por ejemplo, administrar el dinero, preparar una receta de cocina, calcular la distancia que tenemos que recorrer para llegar a algún lugar, componer una canción, construir una casa, entre otras cosas. Podemos decir que son la base de muchas disciplinas.

Según estudios realizados se pone al descubierto que muchos estudiantes no dominan las destrezas básicas de matemáticas, ésto hace que exista una dependencia al uso de la calculadora, aunque es una buena herramienta, no sustituye el razonamiento.

Este libro pretende ayudar al estudiante universitario a poner sus conocimientos matemáticos al día para poder tener éxito en los cursos posteriores que requieran de las destrezas básicas de esta materia. Se presentan los capítulos con una explicación sencilla con ejemplos y ejercicios para practicar los diferentes temas.

Para tener éxito en la vida, es necesario tener conocimientos básicos en las matemáticas, que nos ayuden alcanzar nuevas metas y tomar mejores decisiones. Por eso, la clave es desarrollar el contenido a través del razonamiento, la práctica y mucho esfuerzo.

Las autoras

Tabla Contenido

CAPÍTULO 8

POLINOMIOS

CAPÍTULO 9

ECUACIONES

Capítulo 1
Números Naturales

"Los encantos de esta ciencia sublime, las matemáticas, sólo se le revelan a aquellos que tienen el valor de profundizar en ella".

Gauss

1.1 Definición

Los números naturales son aquellos que permiten contar los elementos de un conjunto. Se trata del primer conjunto de números que fue utilizado por los seres humanos para contar y ordenar objetos. Ejemplos: uno (1), dos (2), cinco (5), nueve (9), etc.

El conjunto de los números naturales se puede expresar:

$$N = \{0, 1, 2, 3, 4, 5, 6, 7, \ldots\}$$

Al incluir el cero (0) se le conoce como números cardinales.

Los números naturales se pueden representar en una recta, ordenados de menor a mayor, ésto nos permite compararlos entre sí de acuerdo a su posición.

Sobre una recta señalamos un punto, que marcamos con el número cero (0). A la derecha del cero, y con las mismas separaciones (espacios, unidades), situamos de menor a mayor los siguientes números naturales: 1, 2, 3...

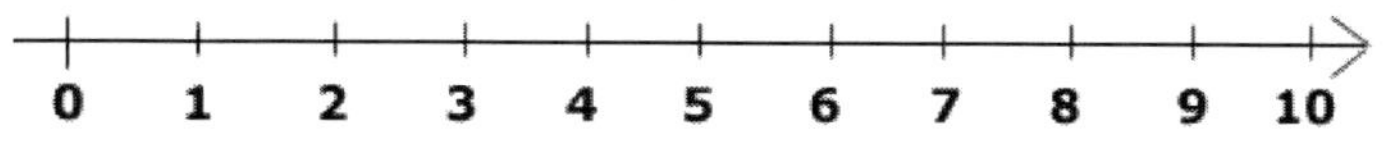

Para ver en qué posición se encuantran los números naturales dentro del gran conjunto de números reales, tenemos el diagrama a continuación:

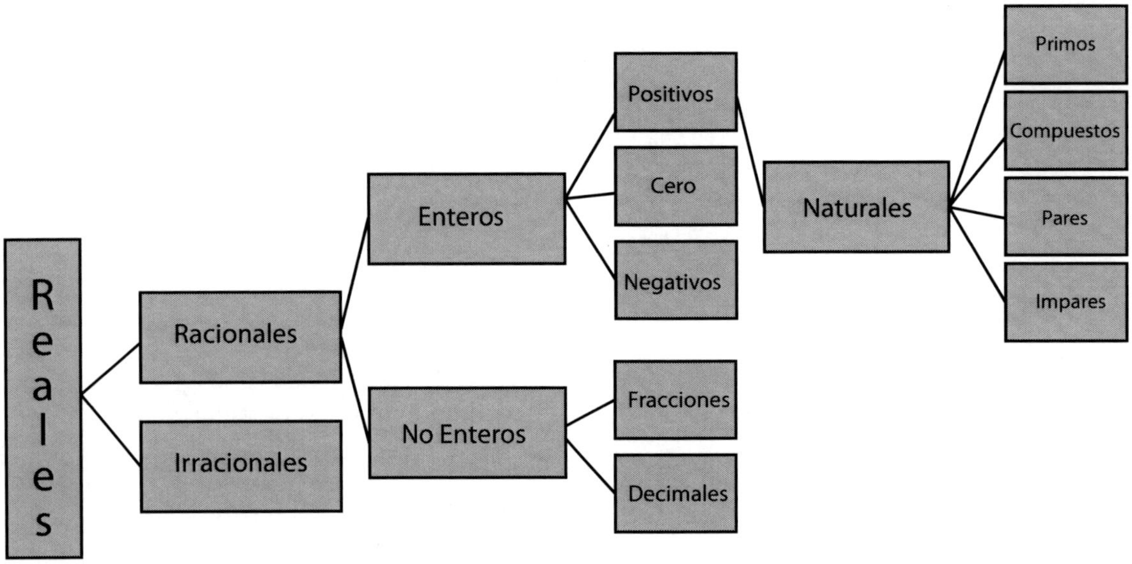

1.2 Valor posicional de los números naturales

La contribución más importante al conocimiento hecha por los árabes fue la escritura de los números utilizando un sistema de base diez. Gran parte de éste se fundamenta en la escritura que usaban los hindúes, por ello, a veces, nos referimos al sistema decimal con el nombre de indoarábigo.

Quizás, el paso más importante en la construcción de un sistema numérico fue el establecer valor posicional para las cifras. Esto quiere decir que el valor de cada cifra depende de la posición que ocupa, por ejemplo, en el número 235 el valor del 2 es mayor que el del 3 porque corresponde a la posición de las centenas, y el de éste es mayor que el 5 porque está en la posición de las decenas, mientras que el 5 es el que menor valor tiene, son las unidades. Existen diez símbolos mediante los cuales nos es posible representar cualquier número. Este conjunto de símbolos es $\{0, 1, 2, 3, 4, 5, 6, 7, 8, 9\}$ denominado "dígitos". En notación desarrollada o expandida, cualquier número puede escribirse como una suma de potencias de 10, multiplicada por uno de los dígitos. Por ejemplo, el 235 puede escribirse como:

a) Dígito con nombre de la posición: 2 centenas + 3 decenas + 5 unidades

b) Dígito con el valor de la posición: 2 x 100 + 3 x 10 + 5 x 1

c) Valor posicional: 200 + 30 + 5

No importa la forma de notación desarrollada que se use, el valor del número seguirá siendo el mismo.

El **valor posicional** es el valor que toma un dígito de acuerdo con la posición que ocupa dentro del número (unidades, decenas, centenas ...). Los periodos se forman por grupos de tres valores posicionales llanados: unidades, decenas, centenas. Cada periodo tiene un nombre específico: unidades, millares, millones, billones, etc. Cada periodo va a ser diez veces mayor que el anterior.

Periodos											
Billones			Millones			Millares			Unidades		
C	D	U	C	D	U	C	D	U	C	D	U
				1	2	4	3	9	2	6	7

Se lee: Doce **millones**, cuatrocientos treinta y nueve **mil**, doscientos sesenta y siete

U= Unidades **D**= Decenas **C**= Centenas

Ejercicio 1.1

Identifique el nombre y el valor posicional del dígito subrayado:

1) 267

2) 5, 897

3) 22, 391

4) 134, 672

5) 9, 239, 114

6) 78, 542

7) 999

8) 32, 345, 674

9) 456, 388

10) 99, 999

11) 752

12) 345, 645

13) 77, 983

14) 118, 650

15) 23

1.3 Lectura y escritura números naturales

Para **leer** un número natural:

1) Comience a leer de izquierda a derecha.
2) Leer el número con el nombre del periodo (excepto el periodo de las unidades).

Ejemplos:

3, 214 se lee como: tres mil, doscientos catorce

125, 011 se lee como ciento veinticinco mil, once

4, 200, 020 se lee como cuatro millones, doscientos mil, veinte

Para **escribir** un número natural:

1) Comience de izquierda a derecha.
2) Escribir el número con el nombre del periodo.
3) Use comas para separar los periodos.

Ejemplos:

Siete mil, tres: 7, 003

Doce millones, once mil, once: 12, 011, 011

Ciento cuarenta mil, quinientos veinte: 140, 520

Es importante aplicar las siguientes **reglas para la escritura** de números naturales:

Las centenas se escriben con una sola palabra, por ejemplo:

100 = cien; 200 = doscientos; 300 = trescientos, ...

Los números del 11 al 19 y los números del 21 al 29 se escriben con una sola palabra, por ejemplo:

11 = once; 16 = dieciséis; 23 = veintitrés; 28 = veintiocho; …

Los números del 31 al 99 se escriben con tres palabras (menos las decenas netas como: 20, 30, 40, 50, 60 ...), por ejemplo:

31 = treinta y uno
45 = cuarenta y cinco
76 = setenta y seis
99 = noventa y nueve

Ejercicio 1.2

Lee los siguintes números:

1) 4, 789

2) 234, 980

3) 4, 678, 001

4) 23, 000, 033

5) 12, 456, 888

6) 100, 000, 000, 004

Escribe los siguientes números:

7) Dos mil, tres

8) Siete millones, ciento treinta

9) Cuarenta y cinco mil, sesenta

10) Ochocientos cincuenta y dos

11) Veintiuno

12) Mil quince

1.4 Reglas Divisibilidad

El concepto de "divisible por" significa que si divides un número por el otro, el resultado es un número entero (el residuo de la división es 0).

Por ejemplo, 21 es divisible por 7, porque 21 ÷ 7 = 3 exactamente.

Pero 29 no es divisible por 7, porque 29 ÷ 7 = 4 (residuo 1).

Existen las Reglas de Divisibilidad que permiten saber si un número se puede dividir exactamente por otro, sin tener que hacer muchos cálculos. Ésto nos facilita el proceso de división.

Veamos las diferenes Reglas de Divisibilidad:

1) Un número es divisible por el **dos (2)** cuando es un número par (termina en 0, 2, 4, 6, 8).
Por ejemplo: 15**6** (termina en 6 que es un número par).

2) Un número es divisible por el **tres (3)** cuando la suma de sus dígitos es divisible por el número tres (3) exactamente.
Por ejemplo: 435 (4 + 3 + 5 = 12, y 12 ÷ 3 = 4).

3) Un número es divisible por el **cuatro (4)** cuando las dos últimas cifras son divisible por el cuatro (4).
Por ejemplo: 4, 5**12** (12 ÷4 = 3).

4) Un número es divisible por el **cinco (5)** cuando el número termina en cero (0) ó cinco (5).
Por ejemplo: 17**5** y 82**0** (175 ÷ 5= 35 y 820 ÷ 5= 164).

5) Un número es divisible por el **seis (6)** cuando el número es divisible por el dos (2) y el tres (3).
Por ejemplo: 114 (es divisible por el dos (2) porque es un número par, termina en 4 y también es divisible por el tres (3) ya que la suma de sus dígitos (1 + 1 + 4 =6 ÷3 = 2).

6) Un número es divisible por el **siete (7)** si al último dígito del número lo multiplicas por dos (2) y el resultado, se lo restas al residuo del número y el resultado de ese paso debe ser divisible por el siete (7).

Por ejemplo: 672 (el último dígito es 2, se multiplica por 2 que es 4, le restas ese valor de 4 al resto que es 67, es decir, 67 – 4 = 63, entonces 63 ÷7 = 9).

7) Un número es divisible por el **ocho (8)** si las últimas tres cifras son un número divisible por ocho (8).
Por ejemplo: 45, **256** (256 ÷ 8 = 32).

8) Un número es divisible por el **nueve (9)** si la suma de las cifras es divisible por nueve (9).
Por ejemplo: 1, 629 (1+6+2+9=18 es divisible entre 9). También se usa el 18 (1+8=9), entonces 1, 629 ÷ 9=181.

9) Un número es divisible por el **diez (10)** si el número termina en cero (0).
Por ejemplo: 560 (560 ÷ 10=56).

10) Un número es divisible por el **once (11)** si sumas las cifras del número en posiciones pares y restas las cifras en posiciones impares y te da un resultado de cero (0) ó un número divisible por once (11).
Por ejemplo: 1,364 [(3+4) – (1+6)] = 7 - 7=0, por lo tanto 1,364÷ 11= 124.

11) Un número es divisible por el **doce (12)** si el número es divisible por 3 y 4.
Por ejemplo: 648 (6+4+8=18, entonces 18 ÷3=6 y 48 ÷4=12), por lo tanto, 648 ÷ 12= 54.

De las reglas de divisibilidad antes mencionadas, las más utilizadas son la del 2, 3, 5 y 10.

Ejercicio 1.3

Identifique por cuál o cuáles es dividido cada número, usando las reglas de divisibilidad:

1) 770

2) 1,551

3) 1,827

4) 1,368

5) 130

6) 196

7) 686

8) 145

9) 2,724

10) 624

11) 2,748

12) 7,282

13) 396

14) 528

15) 600

16) 3,996

17) 999

18) 460

19) 88

20) 7,359

21) 488

22) 294

23) 11,885

24) 92

25) 103,444

1.5 Números Primos y Compuestos

Una vez sabemos las reglas de divisibilidad, se nos hará fácil identificar un número primo y un número compuesto y agilizará la división de los números naturales. Comencemos con la definición de cada uno.

Un **número primo** es un número natural mayor que 1, que tiene como factores solamente el 1 y al mismo número, que sólo puede dividirse por 1 y por sí mismo. Por ejemplo: 3 es un número primo, sus factores son 1 x 3, mientras que 6 no lo es, ya que el 6 tiene como factores 1 x 6 y 2 x 3.

A continuación aparecen los números primos (los que están sombreados) del 1 al 100.

1	2*	3	4	5	6	7	8	9	10
11	12	13	14	15	16	17	18	19	20
21	22	23	24	25	26	27	28	29	30
31	32	33	34	35	36	37	38	39	40
41	42	43	44	45	46	47	48	49	50
51	52	53	54	55	56	57	58	59	60
61	62	63	64	65	66	67	68	69	70
71	72	73	74	75	76	77	78	79	80
81	82	83	84	85	86	87	88	89	90
91	92	93	94	95	96	97	98	99	100

* El número 2 es el único número que es par y es primo.

Conocer los primeros números primos: 2, 3, 5, 7, 11 te facilitará manejar la factorización prima que vamos a ver más adelante.

Un **número compuesto** es un número natural que se puede dividir exactamente entre otros números además de 1 y él mismo. Esto implica que tienen más de dos factores.

Veamos los siguientes ejemplos de números compuestos del 1 al 10.

Número	Se puede dividir exactamente entre	¿Primo o compuesto?
1	*(1 no es primo ni compuesto)*	
2	1,2	Primo
3	1,3	Primo
4	1,**2**,4	Compuesto
5	1,5	Primo
6	1,**2**,**3**,6	Compuesto
7	1,7	Primo
8	1,**2**,**4**,8	Compuesto
9	1,**3**,9	Compuesto
10	1,**2**,**5**,10	Compuesto

Las reglas de divisibilidad estudiadas en la sección anterior, te pueden ayudar a identificar si un número es primo o compuesto.

Los números naturales además de dividirlos entre números primos y compuestos, se pueden clasificar en números pares y en números impares.

Número par es cualquier número que se puede dividir entre el número dos (2). Por ejemplo: 2, 4, 6, 8, 10, …

Número impar es cualquier número que no se puede dividir entre el número dos (2). Por ejemplo: 3, 5, 7, 9, …

Ejercicio 1.4

Determine si los iguientes números son primos o compuestos:

1) 333

2) 71

3) 2,684

4) 89

5) 112

6) 1,089

7) 686

8) 168

9) 336

10) 137

11) 455

12) 655

13) 233

14) 999

15) 460

1.6 Factorización Prima

Los "factores" son los números que multiplicas para llegar a otro número, por ejemplo:

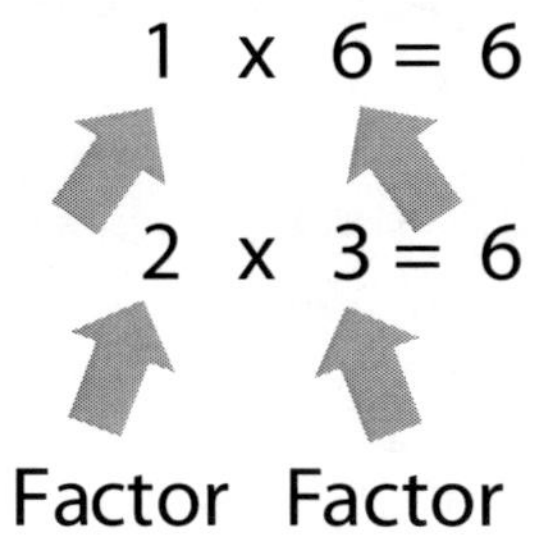

Algunos números se pueden factorizar de muchas maneras por ejemplo, el 12:

1 x 12 = 12
2 x 6 = 12
3 x 4 = 12
4 x 3 = 12

Cuando se repiten, ya no se buscan más factores, en el ejemplo anterior sería:
3 x 4 = 12, 4 x 3 = 12).

Si sólo hay una manera de factorizar un número, ese número es primo; si hay varias maneras es un número compuesto.

"Factorización prima" es expresar el número con factores primos, lo que significa buscar qué números primos tienes que multiplicar juntos para obtener el número original.

Por ejemplo: ¿Cuál es la factorización prima de 12?

Podemos comenzar con cualquiera de las combinaciones de 12, aunque se recomienda comenzar con el número primo más pequeño, que es 2, así que comprobamos:

$$12 = 2 \times 6$$

Pero 6 no es primo, así que tenemos que factorizarlo también:

$$6 = 2 \times 3$$

El 3 es primo, así que expresamos con factores primos solamente:

$$12 = 2 \times 2 \times 3$$

Como notas, cada factor es un número primo, así que la respuesta es que la factorización prima de 12 es $2 \times 2 \times 3$, también podemos expresarlo usando exponentes: $2^2 \times 3$.

La factorización prima también se puede expresar usando la división, usando divisiones de factores.

No importa la combinación a usarse, existe un teorema fundamental que establece que todo número compuesto tiene una factorización prima única.

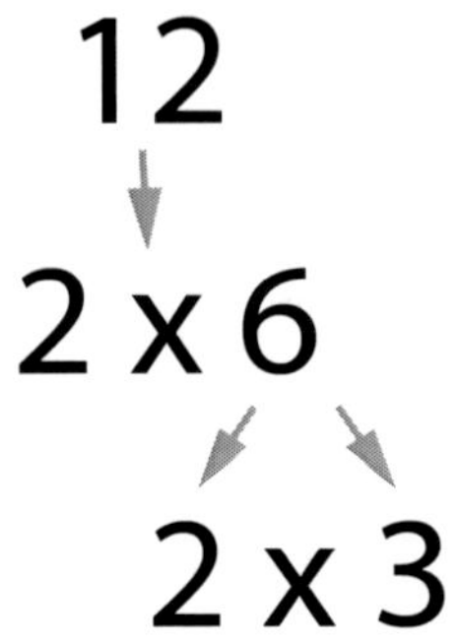

Otro ejemplo: ¿Cuál es la factorización prima de 147?

¿Podemos dividir 147 exactamente entre 2? No, así que probamos con el siguiente número primo, que es 3:

$$147 \div 3 = 49$$

Ahora, intentamos factorizar 49, y vemos que 7 es el primo más pequeño que funciona:

$$49 \div 7 = 7$$

Y con esto terminamos, porque todos los factores son números primos.

$$147 = 3 \times 7 \times 7 = 3 \times 7^2$$

Ejercicio 1.5

Realice la factorización prima de los siguientes números:

1) 60

4) 442

2) 154

5) 198

3) 105

6) 1,560

7) 735

9) 78

8) 924

10) 2,052

1.7 Máximo Común Divisor

El máximo común divisor (MCD) de dos o más números es el mayor número que divide a todos exactamente o es el factor común mayor.

Pasos a seguir para hallar el MCD:

1) Se descomponen los números en factores primos.
2) Se toman los factores comunes con el exponente menor.
3) Se multiplican dichos factores y el resultado obtenido es el MCD.

Ejemplo de **cómo calcular el Máximo Común D**ivisor:

Hallar el MCD de: 72, 108 y 60:

72	2
36	2
18	2
9	3
3	3
1	

108	2
54	2
27	3
9	3
3	3
1	

60	2
30	2
15	3
5	5
1	

$$72 = 2^3 \cdot 3^2$$
$$108 = 2^2 \cdot 3^3$$
$$60 = 2^2 \cdot 3 \cdot 5$$

MCD de 72, 108, 60 $= 2^2 \cdot 3 = 4 \,.\, 3 = 12$

12 es el mayor número que divide a 72, 108 y 60.
Existen otros métodos para hallar el MCD: método de factores y el de divisores.

1.8 Mínimo Común Múltiplo

Los múltiplos de un número son los productos que obtienes cuando multiplicas el número por otros números.

Ejemplo: Múltiplos de 4: 4 x 1= 4, 4 x 2 = 8, 4 x 3 = 12, 4 x 5 = 20, etc.

Por lo tanto, los múltiplos de 4 son: 4, 8, 12, 16, 20, etc.

Aquí tienes otros ejemplos:

Los múltiplos de **3** son **3, 6, 9, 12, 15, 18, 21, etc**...
Los múltiplos de **12** son **12, 24, 36, 48, 60, 72, etc**...

Es importante establecer que los múltiplos de un número son infinitos.

Al comparar los múltiplos de dos o más números, aquellos que se repiten son los múltiplos comunes y el múltiplo común menor, será el **Mímimo Común Múltiplo**.

Por ejemplo, si escribes los múltiplos de dos números diferentes (digamos 4 y 5) los múltiplos comunes son los que están en las dos listas:

Los múltiplos de 4 son 4,8,12,16,**20**,24,28,32,36,**40**,44, ...

Los múltiplos de 5 son 5,10,15,**20**,25,30,35,**40**,45,50, ...

El 20 y 40 aparecen en las dos listas, entonces, los múltiplos comunes de 4 y 5 son: **20, 40** (60, 80, etc.)

El mínimo común menor ente 4 y 5 es el **20** el cual es el Mínimo Común Múltiplo.

Pasos a seguir para hallar el Mínimo Común M**últiplo** (Usando Factorización Prima):

1) Se descomponen los números en factores primos.
2) Se toman los factores comunes y no communes, es decir, todos los factores con el exponent mayor.

Ejemplo para hallar el MCM entre 4 y 20:

$$4 = 2^2$$

$$20 = 2^2 \times 5$$

MCM de 4 y 20 = $2^2 \times 5 = 4 \times 5 =$ **20**

Significa que 20 es el menor múltiplo común de 4 y 20 y que es el menor número que puede ser dividido por 4 y 20.

Ejemplo para hallar el MCM de 60, 72 y 108:

$$60 = 2^2 \cdot 3 \cdot 5$$
$$72 = 2^3 \cdot 3^2$$
$$108 = 2^2 \cdot 3^3$$
$$\text{MCM de 60, 72 y 108} = 2^3 \cdot 3^3 \cdot 5 = 8 \,.\, 27 \,.\, 5 = \mathbf{1{,}080}$$

Significa que 1,080 es el menor múltiplo común de 72, 108 y 60, y que es el menor número que puede ser dividido por 72, 108 y 60.

Ejercicio 1.6

Hallar el Máximo Común Divisor (MCD):

1) 72, 108, 60

2) 54, 90

3) 36, 72, 120

4) 46, 84, 92

5) 60, 40, 80

6) 40, 90, 45

7) 45, 72, 16

8) 154, 231

9) 22, 12, 18

10) 44, 66, 82

Ejercicio 1.7

Hallar el Mínimo Común Múltiplo (MCM):

1) 54, 81, 108

2) 48, 60, 96

3) 25, 120

4) 45, 90, 30

5) 30, 72

6) 36, 30, 48

7) 80, 140

8) 20, 300, 250

9) 12, 22, 34

10) 45, 30, 75

1.9 Operaciones con Números Naturales

Para **sumar** números naturales hay que tener términos semejantes; por ejemplo, se pueden sumar chinas con chinas y manzanas con manzanas pero, no se pueden sumar chinas con manzanas porque no son términos semejantes. En forma general**: a + b = c,** los términos que intervienen en la suma se denominan:

a y b se denominan **sumandos**.

El resultado **(c)** se denomina **suma o total.**

Propiedades de la suma de números naturales:

1) Clausura de la suma: El resultado de sumar dos números naturales es otro número natural.

2) Conmutativa: El orden de los sumandos no altera el total o la suma.

$$a + b = b + a$$
$$2 + 5 = 5 + 2$$
$$7 = 7$$

3) Asociativa: El modo de agrupar los sumandos no altera el resultado.

$$(a + b) + c = a + (b + c)$$
$$(2 + 3) + 5 = 2 + (3 + 5)$$
$$5 + 5 = 2 + 8$$
$$10 = 10$$

4) Elemento identidad de la suma: Todo número sumado con cero (0) da el mismo número.

$$a + 0 = 0 + a$$
$$a + 0 = a$$
$$3 + 0 = 3$$

Para **restar** números naturales, al igual que la suma, hay que tener términos semejantes. En forma general: **a – b = c,** donde:

a, se denomina **minuendo**.

b, se denomina **sustraendo**.

El resultado **(c)** se denomina **diferencia**.

No hay propiedades que aplican para la resta.

La **multiplicación** es una suma que se repite y se escribe usando el símbolo de multiplicación (x).

En vez de sumar 3 veces 6 para obtener 18, se puede multiplicar el 6 y el 3 para obtener 18. Por ejemplo: 6 + 6 + 6 (suma repetitiva) es lo mismo que 3 x 6.

La multiplicación se puede representar con x, punto decimal (.) y con paréntesis ( )( ). En forma general: **a · b = c**, los términos que intervienen en una multiplicación se denominan:

a y b se denomina **factores**

El resultado **(c)** se denomina **producto**

Propiedades de la multiplicación de números naturales:

1) Clausura de la multiplicación: El resultado de multiplicar dos números naturales, es otro número natural.

2) Conmutativa: El orden de los factores no altera el producto.

$$a \cdot b = b \cdot a$$
$$2 \cdot 5 = 5 \cdot 2$$
$$10 = 10$$

3) Asociativa: El modo de agrupar los factores no altera el resultado.

$$(a \cdot b) \cdot c = a \cdot (b \cdot c)$$
$$(2 \cdot 3) \cdot 5 = 2 \cdot (3 \cdot 5)$$
$$6 \cdot 5 = 2 \cdot 15$$
$$30 = 30$$

4) Elemento identidad: El **1** es el elemento identidad de la multiplicación de números naturales porque todo número multiplicado por él da el mismo número.

$$a \cdot 1 = 1 \cdot a = a$$
$$3 \cdot 1 = 1 \cdot 3 = 3$$

5) Distributiva: La multiplicación de un número natural con respecto a la suma es igual a la suma de los productos.

$$a \cdot (b + c) = a \cdot b + a \cdot c$$
$$2 \cdot (3 + 5) = 2 \cdot 3 + 2 \cdot 5$$
$$2 \cdot 8 = 6 + 10$$
$$16 = 16$$

Esta propiedad distributiva combina las operaciones de multiplicación y suma.

En la **división** en forma general: **a ÷ b = c,** donde:

a se denomina **dividendo**
b se denomina **divisor**
El resultado **(c)** se denomina **cociente**

La división se puede expresar de diferentes maneras:

$a \div b$ $\qquad$ $b\overline{)a}$ $\qquad$ $\frac{a}{b}$

Propiedades de la división de números naturales:

1) El resultado de dividir dos números naturales no siempre es otro número natural.

2) No es conmutativa

$$6 \div 2 \neq 2 \div 6$$

3) Cero dividido entre cualquier número da cero

$$0 \div 6 = 0, \text{ porque } 6 \times 0 = 0$$

4) No se puede dividir por 0

$6 \div 0 =$ no definido; porque no hay ningún valor que multiplicado por cero tenga como resultado, el dividendo.

Ejercicio 1.8

Resuelva las siguientes operaciones:

1) 23, 456 + 8, 098 =

2) 12, 344 + 445 + 2, 311 =

3) 1, 247 – 988 =

4) 901 – 699 =

5) 234 x 56 =

6) 43 x 51 =

7) 2, 341 x 46 =

8) 4, 984 ÷ 56 =

9) 14, 000 ÷ 25 =

10) 567 + 87 + 2, 346 =

1.10 Redondeo de números naturales

Redondear un número es aproximar o estimar el número a una cantidad. Es indispensable saber el valor posicional de los números naturales, conocer la regla del cinco (5) y cómo aplicarla.

Pasos para redondear:

1) Identificar la posición a redondear.
2) Identifique el dígito a la derecha de esa posición al que se le aplica la regla del cinco (5).
3) Se aplica la regla del cinco (5):
   a. Si ese dígito de la derecha es 5 ó mayor que 5 (5, 6, 7, 8 ó 9), se le añade 1 al valor a redondear.
   b. Si ese dígito de la derecha es menor que 5 (1, 2, 3, 4), se queda igual el valor a redondear.
4) Los valores a la derecha del dígito a redondear, se convierten en cero.

Ejemplo:

7 **6** 8 redondear a la decena
7 6 **8** el dígito a la derecha de la decena es el 8
7 **6 8** se aplica la regla del 5 al número 8, ya que es mayor que 5, se le añade 1 al 6
7 7 **0** se convierte el valor a la derecha del dígito a redondeazr en cero (0)

Otros ejemplos:

3**1**9 redondeado a la decena quedaría 320
23, **8**28 redondeado a la centena quedaría 23, 800
3**6**, 480 redondeado a la unidad de millar quedaría 36, 000
7, 987, 311 redondeado a la unidad de millón quedaría 8,000, 000

Ejercicio 1.9

Redondea al lugar indicado:

1) 36, 902 (centena)

2) 675 (unidad)

3) 936 (decena)

4) 234, 564 (decena millar)

5) 11, 923 (unidad de millar)

6) 3, 569, 785 (unidad de millón)

7) 555 (decena)

8) 33, 478, 111 (decena de millar)

9) 3, 456, 566 (centena de millar)

10) 2, 222, 292 (centena)

1.11 Orden Operaciones

Al realizar cómputos matemáticos, a veces tenemos que llevar a cabo varias operaciones diferentes. Hay que tener cuidado al efectuar las operaciones, ya que hay que seguir un orden en particular para obtener el resultado correcto.

Por ejemplo: si queremos calcular el resultado de 2 + 6 x 3 - 2, si no contamos con algunas reglas los resultados pudieran ser variados como por ejemplo: 8, 18, 22 . Para que esto no suceda entonces necesitamos aprender las **Reglas para Orden de Operaciones**.

El orden de operaciones consiste en las reglas que te dicen que es lo que vas a realizar primero, segundo, tercero, etc.

Reglas para Orden de Operaciones

1. Resolver paréntesis, u otros símbolos de agrupación: ( ) [ ] { }
2. Resolver potencias (exponentes) o raíces.
3. Multiplicación y división de izquierda a derecha o lo primero que aparezca.
4. Suma y resta de izquierda a derecha o lo primero que aparezca.

Ejemplo:

$2 + 7 \cdot 8 \div 2$	[Se multiplicó $7 \cdot 8$]
$2 + 56 \div 2$	[Se dividió $56 \div 2$]
$2 + 28$	[Se sumó $2 + 28$]
30	

Cuando hay un paréntesis ( ), llave { } y corchete [ ], hay que resolver lo que está dentro de estos símbolos, antes de efectuar alguna otra operación.

Ejemplo:

$5 \cdot (9 - 6) + 8$	[Se resuelve el paréntesis, se restó $9 - 6 = 3$]
$5 \cdot 3 + 8$	[Se multiplicó $5 \cdot 3$]
$15 + 8$	[Se sumó $15 + 8$]
23	

Ejemplo:

$2\,[6 \cdot (1)] + 8 \div 2$	[Se resuelve el corchete, se multiplicó 6 . 1]
$2\,[6] + 8 \div 2$	[Se multiplicó $2 \cdot 6$]
$12 + 8 \div 2$	[Se dividió $8 \div 2$]
$12 + 4$	[Se sumó $12 + 4$]
16	

Cuando hay una combinación de paréntesis, corchetes y llaves, hay que resolver éstos de adentro hacia fuera.

Ejemplo:

$$2[6 - (9 \div 3) + 8]$$

Como el paréntesis está adentro del corchete, hay que resolver éste para luego resolver el corchete.

$$2[6 - (9 \div 3) + 8]$$
$$2\,[6 - 3 + 8]$$
$$2\,[3 + 8]$$
$$2\,[11] = \mathbf{22}$$

Ejemplo:

$$3\{\,54 - [\,6 \cdot 2\,(9 - 5) + 1\,]\,\}$$
$$3\,\{\,54 - [\,6 \cdot 2\,(4) + 1\,]\,\}$$
$$3\,\{\,54 - [\,12\,(4) + 1\,]\,\}$$
$$3\,\{\,54 - [\,48 + 1\,]\,\}$$
$$3\,\{\,54 - [\,49\,]\,\}$$
$$3\,\{\,5\} = \mathbf{15}$$

Ejemplo con exponente:

$9\ \{\ 42 - [\ 6 + (4)^2 + 8\ ]\ \}$

$9\ \{\ 42 - [\ 6 + 16 + 8\ ]\ \}$

$9\ \{\ 42 - [\ 22 + 8\ ]\ \}$

$9\ \{\ 42 - 30\ \}$

$9\ \{12\} = \mathbf{108}$

Otro ejemplo con exponente:

$3\{26 - [9 + 2\ (1 + 3)^2 - 20]\}$

$3\{26 - [\ 9 + 2\ (\ 4\ )^2 - 20\ ]\ \}$

$3\{\ 26 - [\ 9 + 2\ (\ 16\ ) - 20\ ]\ \}$

$3\ \{\ 26 - [\ 9 + 32 - 20\ ]\ \}$

$3\ \{\ 26 - [\ 41 - 20\ ]\ \}$

$3\ \{\ 26 - 21\}$

$3\ \{5\} = \mathbf{15}$

Ejercicio 1.10

Realiza los siguientes ejercicios siguiendo el orden de operaciones:

1) $4 \cdot 2(3 + 6) \div 3$

2) $3 + (2 + 3)^2 - 6 \div 2$

3) $4\ [30 - (38 - 11) \div 3]$

4) $2\{6 - 2\ (9 - 4) \div 5 + 1\}$

5) $3\ \{4^2 - (3 + 1) \div 2\}$

6) $4\ \{35 - [6 + (2 + 4)^2 \div 2 + 8]\}$

7) $7 + (6 \times 5^2 + 3)$

8) $4 \text{ x } 2(3 + 6) \div 3$

9) $3 + (2 + 3)^2 - 6 \div 2$

14) $2 + 8(7 + 3) + 24$

10) $4[1 - (15 - 11) \div 3]$

15) $7[4(9 - 5) + 8(3 + 5)] - 3$

11) $2\{6 - 2(9 - 4) \div 5 + 1\}$

16) $4\{2 + 2[25 - 3(4 + 3)] - 5\}$

12) $3\{4^2 - (3 + 1) \div 2\}$

17) $\{2[3 + 5 \times 4] - 3\}$

13) $4\{35 + [6 + (2 + 4)^2 \div 2 + 8]\}$

18) $(4 \times 3) + (12 - 4 \div 2)$

19) $[15 - (2^3 - 4 \div 2)]\ [5 + (3 \times 2 - 4)]\ [3 + (8 - 2 \times 3)]$

20) $3\{3+5(40 - 5) + 6(12 - 5)\}$

1.12 Aplicaciones

Una vez conoces los números naturales, puedes resolver problemas que envuelvan las operaciones básicas de ellos.

Ejemplo: El precio original de una nevera es de $999. ¿Cuál será el precio en especial si le rebajan $195?

$999 - $195 = **$804**

Ejemplo: José tiene en el banco un balance de $556, hizo un depósito de $291. ¿Cuál es su nuevo balance?

$556 + $291 = **$847**

Ejemplo: Sandra compró una computadora a plazos. Su precio es de $648 para pagarla en doce plazos. ¿Cuánto pagará mensualmente?

$648 ÷12 = **$54**

Ejemplo: Una bebida gaseosa contiene 120 calorías. Si te tomas tres de esas bebidas al día, ¿cuántas calorías estás consumiendo en ellas?

120 x 3 = **360**

Ejemplo: Marta tiene en su cuenta de cheques un balance de $765. Hizo cheques por: $112, $49, $36 y $64. ¿Cuál es su nuevo balance?

$112 + $49 + $36 + $64 = $261

$765 - $261 = **$504**

Ejercicio 1.11

Resuelva los siguientes ejercicios con números naturales aplicando la operación de suma, resta, multiplicación y división.

1) Pitágoras nació en el año 585 AC y murió en el año 495 AC. ¿Cuántos años vivió Pitágoras?

2) Carla compró para su fiesta de fin de clases, unos zapatos en $48, una cartera en $39 y un traje en $57. ¿Cuánto gastó para su fiesta?

3) En la clase de matemática, un estudiante obtuvo en sus cinco exámenes notas de: 96, 80, 71, 84 y 64. ¿Cuál fue su promedio en el curso?

4) Daniel compró un televisor plasma de 60 pulgadas a un precio de $1, 255. Hizo un pago inicial de $175 y el resto lo va a pagar en mensualidades por 8 meses. ¿Cuál es el pago mensual del televisor?

5) Un estudiante necesita tomar 20 clases de 3 créditos cada una y dos clases de 4 créditos para hacer su grado asociado. ¿Con cuántos créditos termina su carrera universitaria?

6) Carmen tiene en el banco una cuenta de ahorros de $2,117 y una cuenta de cheques que tiene un balance de $459. Si ella une esos dos balances, ¿cuánto en total tiene en el banco?

7) Para hacer una fiesta de cumpleaños, Manuel gastó: $220 en la comida, $316 en la bebida, $400 en la música y $79 en la decoración. ¿Cuánto en total gastó para la fiesta?

8) Un estacionamiento de cuatro niveles tiene capacidad para estacionar 75 autos en cada nivel. ¿Cuál es la capacidad total del estacionamiento?

9) Un patrono quiere repartir un bono de producividad a sus mejores cinco empleados de la empresa. El bono es de $4,390. ¿Qué cantidad le corresponde a cada uno?

10) Mi tía fue al supermercado a comprar varios artículos. Gastó en carnes $22, frutas $8 y vegetales $17. ¿Cuánto le devolvió la cajera si pagó con tres billetes de $20?

Capítulo 2
Números Enteros

"Las matemáticas son la música de la razón"
James Joseph Sylvester

2.1 Introducción

El conjunto de números enteros está compuesto por números positivos (o naturales); sus opuestos, los negativos y por el cero. Los números naturales pueden utilizarse para describir situaciones del diario vivir; sin embargo, no siempre es así; por eso para representar algunas situaciones tales como: temperatura bajo cero, saldo de una cuenta sobregirada, distancia bajo el nivel del mar, pérdida de peso; es necesario utilizar números negativos que describan o representen cada situación.

Ejemplos:

3 grados bajo cero	-3
$25 saldo sobregirado	-25
250 pies bajo el nivel del mar	-250
Bajó 15 libras de peso	-15

Además, los negativos nos ayudan a solucionar algunas restas como: 5 - 7= -2

Todos los números positivos son mayores que el 0 y se pueden escribir con o sin signo positivo (+).

Ejemplos:

Positivo 15 ⟶ +15 ó 15

Positivo 8 ⟶ +8 u 8

Los números negativos son menores que el 0 y se escriben utilizando un signo negativo (-). El cero ni es positivo ni es negativo; es decir, no lleva ningún signo.

Los enteros en la recta numérica

Cada número tiene una posición en la recta numérica. A medida que se mueve a la derecha, el valor del número aumenta y si es hacia la izquierda, el valor del número disminuye.

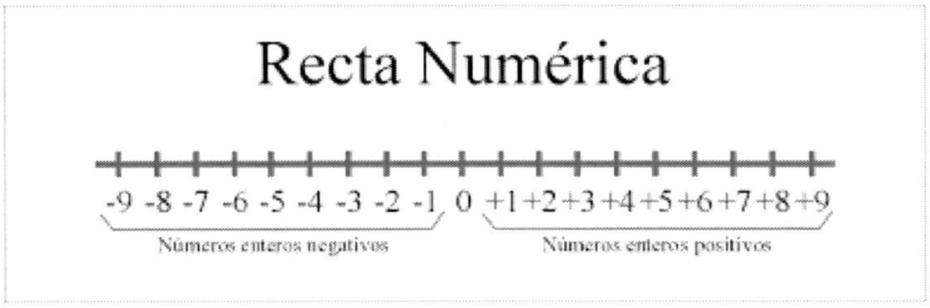

Ejemplos:

5 es mayor que 3	5 > 3
-1 es mayor que -4	-1 > -4
-12 es menor que -5	-12 < -5
-3 es menor que 0	-3 < 0

En resumen, podemos comparar el valor de los números enteros de acuerdo a la posición en la recta numérica. Siempre el número ubicado más hacia la derecha en la recta será el mayor, por lo tanto, el número ubicado más a la izquierda será el menor.

Los símbolos de > mayor que, o < menor que, nos sirven para compararlos.

Ejemplos:

+10 es mayor que +5	+10 > +5
-8 es mayor que -13	-8 > -13
-4 es menor que +7	-4 < +7
-9 es menor que 0	-9 < 0

Estos ejemplos nos indican que al comparar dos números positivos, el que está más a la derecha en la recta numérica es el mayor. Al comparar dos números negativos, el que está a la derecha es el mayor.

Al comparar un número negativo y uno positivo, el positivo es el mayor. Y, al comparar un número negativo y el cero (0), el cero (0) es el mayor.

2.2 Valor absoluto de un entero

En una recta numérica se puede observar que los números -7 y +7 están a una distancia de 7 unidades del 0, es decir, a la misma distancia.

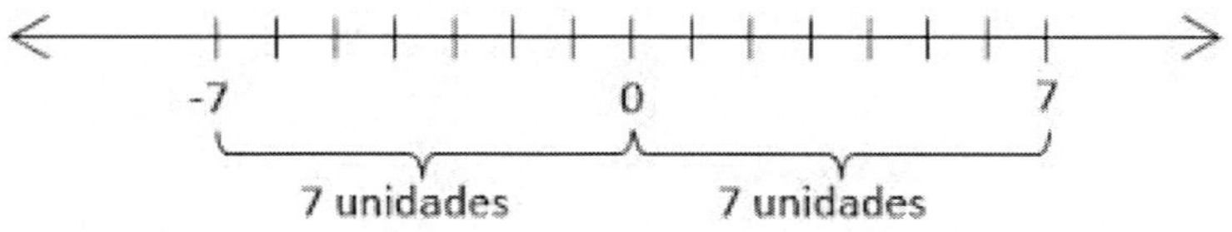

A esta distancia se le conoce como el valor absoluto de un número; es la distancia (unidades) entre el número y el 0. Utilizamos dos barras verticales como símbolo de valor absoluto | |.

Para expresar el valor absoluto de:

Positivo 7 –> |+7| –> +7

Negativo 7 –> |-7| –> +7

El valor absoluto de un número siempre es positivo, nunca es negativo ya que es una distancia, lo que buscamos.

Ejemplos:

|-8| = 8
|8| = 8
|7| = 7
|-7| = 7

} distancia entre el número hasta el 0

2.3 Opuestos

Dos números que están a distintos lados del cero y a igual distancia se les llaman **opuestos**.

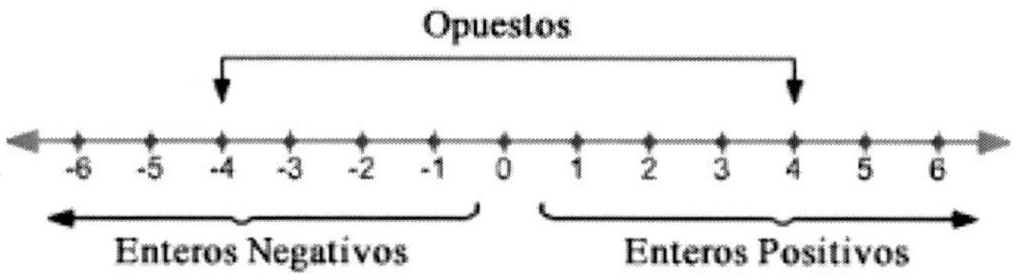

Tienen la misma distancia (4) en lados opuestos. Por lo tanto -4 es el opuesto de +4 y +4 es el opuesto de -4.

Para escribir el opuesto de un número se utiliza el símbolo **(-)**.

Se lee:

El opuesto de +6 –> - (+6) = -6
El opuesto de -3 –> - (-3) = +3
El opuesto de 0 –> - (0) = 0
- (+12) –> -12
- (-40) –> +40
- (-18) –> +18
- (7) –> -7

El concepto de opuesto también puede aplicarse a un valor absoluto.

$-|-5|$ –> se lee el opuesto del valor absoluto de -5

Pasos:

Primero encuentra el valor absoluto de:
$|-5|$ –> +5
Luego el opuesto de ese valor: $-|-5| = -5$

Ejemplos:

$-|9| = -9$ primero valor absoluto de 9 = 9, luego el opuesto sería -9.

$-|-2| = -2$ primero $|-2| = 2$, el opuesto de 2 = -2

Recordemos que el símbolo (–) tiene tres funciones:

Negativo -15	negativo 15
Opuesto de -(-15)	opuesto del negativo 15
Resta 15 - 5	15 menos 5

Ejercicio 2.1

Represente cada situación utilizando un número entero:

1) Un déficit de $25,000

2) Un sobregiro de $100

3) 8 grados sobre cero

4) Una pérdida de 20 libras

5) Una diferencia de 3 puntos

6) Una ganancia de $98

7) Un saldo de $300

8) Unos 50 pies bajo el nivel del mar

9) Un aumento de $7.00 la hora

10) No hubo perdida ni ganancia

Ejercicio 2.2

Compare utilizando un smbolo de < (menor que) o > (mayor que) en el blanco:

1) -7___-8

2) 12___-12

3) -31___-3

4) -7-___4

5) 28___15

6) 0___1

7) 44___0

8) 0___-18

9) -1___1

10) -32___-30

Ejercicio 2.3

Escriba los números enteros en orden ascendente, de menor a mayor:

1) 59, 19, -9, -39, 79, -59

2) 83, -53, 53, -22, 12, -12

3) -21, 23, -11, 0, -42, -6

Ejercicio 2.4

Hallar el valor absoluto:

1) |9|

2) |-18|

3) |12|

4) |186|

5) |-1|

6) |-92|

7) |92|

8) |-31|

9) |23|

10) |-15|

11) |0|

12) |-6|

13) |6|

14) |100|

15) |-20|

Ejercicio 2.5

Halla los opuestos de:

1) - (-13)

2) - (-5)

3) - (-103)

4) - (-73)

5) - (11)

6) - (42)

7) - (55)

8) - (18)

9) - (17)

10) - (13)

11) -|30|

12) |-6|

13) |-61|

14) |-19|

15) |-25|

16) |-13|

17) - |12|

18) |-35|

19) |-70|

20) - |100|

Ejercicio 2.6

Compare usando > (mayor que), < (menor que) o = (igual):

1) |-13| ____ -(-8)

2) -|-81| ____ -|-65|

3) -|-40| ____ -|-9 |

4) | 50| ____ |50|

5) |20| ____ - (-21)

6) – (-28) ____ |-28|

7) – (-17) ____ -(17)

8) |-81| ____ -|81|

9) – (32) ____ -|-32|

10) - |93| ____ -|-93|

2.4 Suma de Enteros

La suma de enteros puede presentar dos casos diferentes: cuando sumamos enteros con signos iguales y cuando sumamos enteros con signos diferentes.

Dos enteros que tienen signos iguales:

Ejemplo:

Si sumamos dos enteros positivos, sumamos como si fueran naturales y la respuesta será positiva.

(+9) + (+7) = +16 ó 16 (+8) + (+2)= +10 ó 10

Si sumamos dos enteros negativos, sumamos como si fueran naturales y la respuesta será negativa.

(-9) + (-7) = -16 (-8) + (-2) = -10

Al escribir sumas que contengan negativos, podemos escribirlos dentro de paréntesis para separar el signo operacional del signo del número.

Resumen:

Positivo + Positivo = Positivo –> (+) + (+) = (+)

Negativo + Negativo = Negativo –> (-) + (-) = (-)

Dos enteros con signos diferentes:

Al sumar enteros con signos diferentes, restamos en vez de sumar, ya que son direcciones opuestas, así que habrá una diferencia, porque no avanzamos en una misma dirección.

Si lo representamos en una recta numérica vemos:

-5 + 3 =

-5 + 3 –> Nos movemos hacia -5 y nos movemos 3 unidades, llegamos a -2

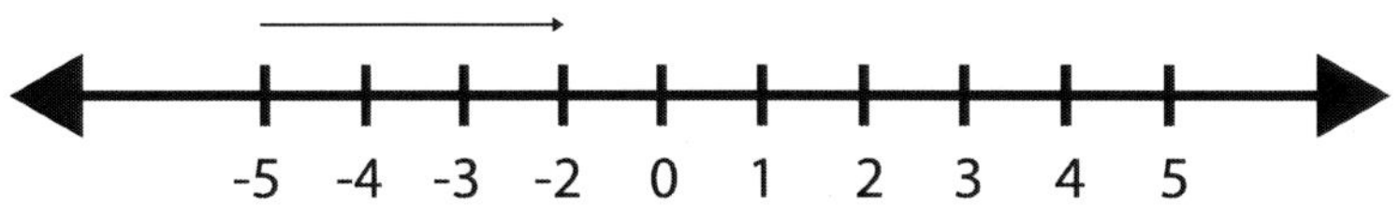

Así que -5 + 3 = -2

Entonces, el signo del resultado puede ser positivo, negativo o cero, depende del que tenga valor absoluto mayor.

Positivo + Negativo
Negativo + Positivo
} Se resta y el resultado, llevará el signo del que tenga el valor absoluto mayor.

(+ 13) + (-5) = +8　　　(-13) + (+5) = -8

La suma de un número y su opuesto, el resultado será 0, por lo tanto, no llevará signo.

(+ 13) + (-13) = 0

Propiedades que aplican a la suma de números enteros:

Una propiedad es una característica o cualidad que caracteriza las operaciones con números.

Propiedad conmutativa de la suma

Sean a y b dos números enteros cualesquiera, entonces:

$$a + b = b + a$$

Esta propiedad establece que el orden al sumar no altera su total.

Ejemplos:

(+3) + (+12) = +15 ó (+12) + (+3) = +15

(-7) + (-2) = -9 ó (-2) + (-7) = -9

(+4) + (-9) = -5 ó (-9) + (+4) = -5

Propiedad asociativa de la suma

Sean a, b y c números enteros, entonces:

$$(a + b) + c = a + (b + c)$$

El orden en que se agrupan al sumar los números enteros no altera su resultado.

$$-3 + (-5 + -8) = (-3) + (-13) = -16$$

$$(-3 + -5) + -8 = (-8) + (-8) = -16$$

Podemos agrupar los negativos y agrupar los positivos:

$$-6 + 5 + (-3) + 2 = (-6 + -3) + (5 + 2)$$

$$(-9) \quad + \quad (7) = -2$$

Agrupar en el orden en que aparecen:

(-6 + 5) + (-3 + 2)

(-1) + (-1) = -2

Lo importante es que el orden al agrupar para sumar los números no altera el resultado.

Propiedad de la suma del 0

Sea a, un número entero, entonces:

a + 0 = a

La suma de cualquier número y cero (0) siempre el resultado será el mismo número entero. No pierde su identidad por eso al cero (0) se conoce como elemento identidad de la suma.

-5 + 0 = -5

-11 + 0 = -11

0 + 6 = 6

Propiedad de la suma de los opuestos

Sea **a** un número entero, entonces:

a + -(a) = 0

La suma de un entero y su opuesto (inverso aditivo) es 0.

Ejemplo:

(+9) + (-9) = 0

(-85) + (+85)= 0

Ejercicio 2.7

Realice las siguientes sumas de números enteros:

1) (+18) + (+13)

2) (+23) + (+14)

3) (+40) + (+7) + (+89)

4) (+100) + (+31) + (+89)

5) -7 + (-4)

6) -6 + (6)

7) -79 + (-27)

8) -131 + (-78)

9) -55 + (-36) + (-18)

10) -70 + (-89) + (-164)

11) -8 + 5

12) 7 + (-1)

13) -19 + 3

14) 12 + (-2)

15) 21 + (-42)

16) 81 + (-23)

17) 56 + (-75)

18) -122 + 64

19) 107 + (-93)

20) -273 + 46

21) (15) + (4) + (-6) + (-4) + (-9)

22) (-13 + -12) +4

23) -67 + (-45) +99

24) 16 + (-4) + 8 + (-15)

25) (-100) + (100)

2.5 Resta de Enteros

La resta se define en términos de la suma. De manera que cuando restamos números enteros se cambia de resta a suma del opuesto. El primer término (minuendo) se queda igual, el signo de resta (-) cambia a más o suma (+) y al sustraendo le buscamos el opuesto.

En forma general, si a y b fueran dos enteros cualesquiera, entonces:

a – b = a+ (-b) –> a menos b es igual a, a más el opuesto de b.

(+7) – (+3) =	(+7) + (-3) = + 4
(-7) – (-3) =	(-7) + (+3) = -4
(+7) – (-3) =	(+7) + (+3) = +10
(-7) – (+3) =	(-7) + (-3) = -10

Luego, resolvemos como los ejercicios de suma aplicando las mismas reglas de los signos.

Resumen: restar enteros, es sumar el opuesto.

Observamos que en la resta cuando comenzamos con signos diferentes cambiarán a signos iguales y por el contrario, cuando comenzamos con signos iguales cambiarán a signos diferentes, es así porque son opuestos.

iguales diferentes

(+) – (+) = –> (+) + (-) =

(-) – (-) = –> (-) + (+) =

} El resultado llevará el signo del que tenga el valor absoluto mayor (positivo o negativo).

diferentes iguales

(+) – (-) = –> (+) + (+) =

(-) – (+) = –> (-) + (-) =

} El resultado llevará el signo del que tenga el valor absoluto mayor (positivo o negativo).

Ejemplos:

(-12) – (-7) = (-12) + (+7) = -5 Aplicamos regla de suma (signos diferentes se resta)

(+30) – (-4) = (+30) + (+4) = + 34

(-23) – (-8) = (-23) + (8) = -15

(+50) – (-20) = (+50) + (+20) = +70

Ejercicio 2.8

Realice las siguientes restas de enteros:

1) -5 – 3

2) -15 – 5

3) 9 – (-1)

4) 11 – (-9)

5) 5 – 22

6) 17 – 45

7) -8 – (-3)

8) 20 – (-5)

9) 12 – (-12)

10) -41 – (-16)

11) -3 – (-3) -30

12) 16 -14 – (-9)

13) -9 – (-1)

14) 110 – (-120)

15) (-62) – (-62)

16) (-1) – (5)– (-24)

17) – (-8) + (-33) –(7)

18) –(90) - (-40)

19) (4) – (-4) + (0)

20) (-20) – (-1) – (5) + (-19)

Ejercicio 2.9

Realice los siguientes ejercicios de aplicación de números enteros:

1) Un frente frio hizo que la temperatura en Ohio bajara de 42 grados sobre cero a 13 grados bajo cero ¿Cuál fue el cambio de temperatura?

2) Harry pesaba 275 libras, su meta era llegar a 250 libras en 1 mes, la primera semana rebajó 7 libras, en la segunda semana rebajó 10 libras. ¿Logró su meta? Explica

3) En una semana, Sara ganó $158 por salario normal y $62 por horas extras trabajadas. Se le dedujeron por impuestos: $28.20 de Seguro Social, $37.50 Sinot y otras deducciones de $2.50. ¿Cuánto será su salario semanal después de restadas las deducciones?

4) Edwin y Sonia visitaron el casino, ambos ganaron $500. Luego, Edwin perdió $280 y ganó $70, mientras que Sonia perdió $400, luego ganó $120. ¿Cuánto ganaron Edwin y Sonia?

2.6 Multiplicación de Enteros

La multiplicación de números enteros es muy similar a la de los números naturales. Podemos multiplicar factor x factor = producto pero, debemos aplicar (adjudicar) el signo a la respuesta o producto. Para multiplicar dos números enteros hay que considerar, si los factores tienen signos iguales o signos diferentes. Veamos:

Signos iguales – implica que los dos enteros sean positivos o los dos sean negativos. En ambos casos el producto será positivo.

(+) x (+) = + positivo x positivo = positivo
(–) x (–) = + negativo x negativo = positivo

Signos diferentes- implica que los dos enteros tienen signos diferentes, uno positivo y el otro negativo. En este caso, el producto será negativo.

(+) x (–) = – positivo x negativo = negativo
(–) x (+) = – negativo x positivo = negativo

La regla de signos en multiplicación se resume: multiplicar enteros con signos iguales, el producto será positivo; con signos diferentes, el producto será negativo.

Ejemplos:

Signos Iguales	**Signos Diferentes**
(-3) x (-6) = + 18	(- 8) x (+6) = -48
(-8) x (-6) = + 48	(+8) x (-6) = -48
(- 9) x (-3) = + 27	(-12) x (+3) = -36
(+7) x (+11) = +77	(+10) x (-2) = -20

Propiedades de la multiplicación:

Sean a, b y c números enteros:

Propiedad conmutativa de la multiplicación establece que el orden en que se multipliquen los factores no altera el producto.

$$a\,b = b\,a$$

Propiedad asociativa de la multiplicación establece que el orden en que agrupes los factores al multiplicar no altera el producto.

$$(a\,b)\,c = a\,(b\,c)$$

Propiedad multiplicativa de cero, el producto de cualquier entero y el 0 es 0.

$$(a)\,(0) = 0$$

Propiedad multiplicativa del 1 establece que el producto de cualquier entero y el 1 es siempre el mismo número, también se le conoce como el elemento identidad de la multiplicación.

$$(a)(1) = a$$

Signos que son equivalencias de multiplicación

3 x 5

3 (5)

3 . 5

2.7 División de Enteros

La división de números enteros es similar a la de los números naturales. Se divide el dividendo entre el divisor y al cociente o resultado, se le adjudica un signo positivo o negativo. Las reglas para adjudicar este signo del cociente son las mismas que se usan en la multiplicación de números enteros:

Signos iguales el resultado es positivo y signos diferentes el resultado es negativo.

Ejemplos:

$(-25) \div (5) = -5$

$(40) \div (-8) = -5$

$(100) \div (20) = 5$

Ejercicio 2.10

Efectúa las siguientes multiplicaciones:

1) -4 x (-4)

2) -14 x (-3)

3) -6 x (-2)

4) 12 x (-5)

5) -10 x (-30)

6) -5 x (+7)

7) -3 x (16)

8) 9 x (+9)

9) -9 x (-9)

10) 11 x (-5)

11) -125 x (+4)

12) -27 x (-8)

13) 30 x (7)

14) -20 x (-25)

15) (-10) x (+7) x (-3)

16) (-81) x (-12) x (-4)

17) (+28) x (-15) x (0)

18) (+42) x (0) x (-23)

19) (-10) x (-10) x (-10)

20) (-26) x (-15) x (+6)

Ejercicio 2.11

Realice los siguientes ejercicios de división de enteros:

1) +24 ÷ (-8)

2) -30 ÷ (-15)

3) (-72) ÷ (+9)

4) 25 ÷ (-5)

5) -202 ÷ (+2)

6) 0 ÷ (-6)

7) -8 ÷ 0

8) -100 ÷ (-20)

9) +75 ÷ 5

10) 342 ÷ (-9)

11) -644 ÷ (-4)

12) 1,000 ÷ (-10)

13) -580 ÷ 4

14) -60 ÷ 3 ÷ (-5)

15) (300) ÷ (-3) ÷ (-4)

16) -16 ÷ (-8) ÷ (-2)

17) (+50) ÷ (-1) ÷ (+2)

18) 175 ÷ (-7) ÷ (-25)

19) (-90) ÷ (+10) ÷ (-3)

20) 400 ÷ 50 ÷ (-2)

Capítulo 3
Fracciones

"La vida es buena por solo dos cosas, descubrir y enseñar las matemáticas"
Simeon Poisson

3.1 Introducción

Los conjuntos de números surgen por las necesidades que tuvo el ser humano para resolver problemas o describir situaciones del diario vivir.

Las fracciones describen:

1) El número de partes <u>iguales</u> de un todo:

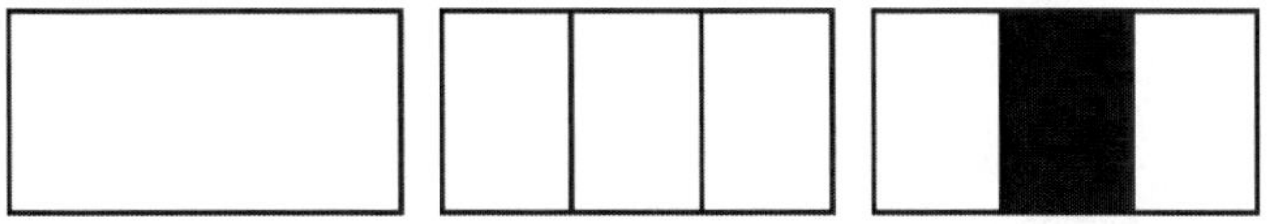

Todo 3 Partes 1 de 3

Representa un tercio (la fracción)

2) Una posición en la recta numérica:

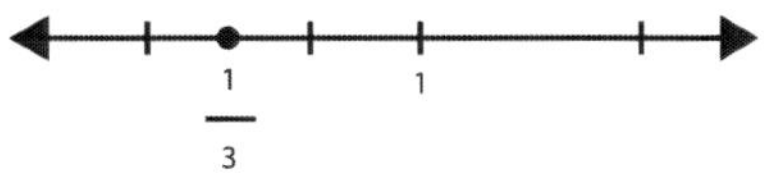

3) El número de partes de un conjunto:

$\frac{1}{3}$

4) Un ejercicio de división:

$1 \div 3$ $\qquad$ $3\overline{)1}$ $\qquad$ $\frac{1}{3}$

5) Una razón, comparación entre dos cantidades:

3 mujeres a 7 hombres: 3 a 7, 3 : 7,

Definición:

El símbolo $\frac{a}{b}$, representa una fracción donde **a** y **b** son enteros y $b \neq 0$.
La fracción se compone de:

Numerador = está sobre la barra de fracción.

Denominador = está debajo de la barra de fracción.

El numerador representa la parte y el denominador representa el todo.

$\frac{3}{4}$ Tres partes de 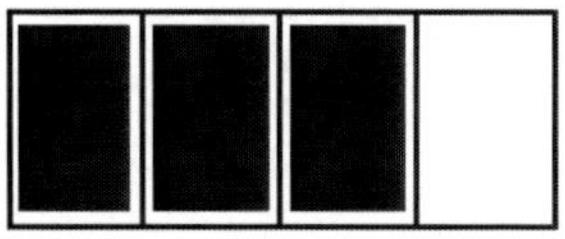 cuatro

3.2 Lectura de Fracciones

El numerador se lee como un número natural y el denominador como un ordinal o palabra especial.

2 - medios	8- octavos
3- tercios	9- novenos
4- cuartos	10- décimos
5- quintos	11- onceavos
6- sextos	12- doceavos
7- séptimos	

Ejemplo: $\frac{2}{3}$ dos tercios, $\frac{1}{15}$ un quinceavo, $\frac{7}{9}$ siete novenos, $\frac{11}{2}$ once medios

3.3 Clasificación de Fracciones

Las fracciones se clasifican de acuerdo a dos características:

Comparándolas con el 1:

Propias: representan números menores que 1, su numerador es menor que el denominador.

$$\frac{3}{4} \qquad \frac{1}{5} \qquad \frac{10}{15}$$

Impropias: representan números mayores o iguales que 1. Su numerador es mayor que el denominador o pueden ser iguales.

$$\frac{5}{4}, \quad \frac{7}{3} \} \textit{ mayores} \qquad \frac{8}{8}, \quad \frac{4}{4} \} \textit{ iguales}$$

Mixtas: se componen de un entero más una fracción propia o impropia.

$$2\frac{1}{3}, \quad 5\frac{1}{4}, \quad 3\frac{7}{5}, \quad 1\frac{9}{4}$$

Comparando los denominadores:

Homogéneas: tienen denominadores iguales.

$$\frac{2}{7} \quad \frac{5}{7} \quad \frac{7}{7}$$

Heterogéneas: tiene denominadores diferentes.

$$\frac{1}{3} \quad \frac{2}{5} \quad \frac{8}{7}$$

Esta clasificación es importante para poder sumar y restar fracciones ya que para realizar estas operaciones, las fracciones deben ser semejantes (homogéneas)

3.4 Conversiones

Una fracción impropia se puede expresar como mixta, resolviendo la división.

$$\frac{7}{4} = 1\frac{3}{4} \qquad 4\sqrt{7}$$

El cociente es el entero, el residuo de la división es el numerador del número mixto y el denominador permanece igual.

Una fracción mixta se puede expresar como impropia.

$$\boxed{3\frac{1}{4}} \quad \frac{4\times3+1}{4} = \frac{12+1}{4} = \boxed{\frac{13}{4}}$$

Pasos: multiplicamos el denominador por el entero y le sumamos el numerador, lo escribimos sobre el mismo denominador.

3.5 Comparación de Fracciones

Fracciones Equivalentes:

Las fracciones que representan el mismo número o valor son equivalentes.

Veamos que $\frac{1}{2}$ es equivalente a $\frac{3}{6}$ porque representan el mismo valor (proporción, parte).

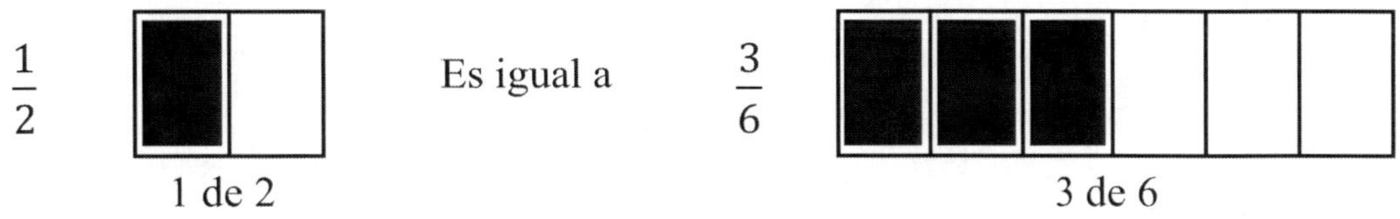

Para determinar fracciones equivalentes a una dada, multiplicamos el numerador y el denominador por el mismo número.

$$\frac{1}{3} \times \frac{2}{2} = \frac{2}{6} \qquad \frac{1}{3} y \frac{2}{6} \text{ son equivalentes}$$

$$\frac{3}{7} \times \frac{4}{4} = \frac{12}{28} \qquad \frac{3}{7} y \frac{12}{28} \text{ son equivalentes}$$

Lo importante es multiplicar por cualquier valor fraccionario equivalente a 1.

$$1 = \frac{2}{2}, \frac{3}{3}, \frac{4}{4}, \ldots \frac{100}{100}$$

También podemos dividir el númerador y denominador por el mismo número.

$$\frac{16}{20} \div \frac{4}{4} = \frac{4}{5}$$

Las fracciones tienen infinita cantidad de equivalencias:

$\frac{2}{3} \times \frac{5}{5} = \frac{10}{15}$; $\frac{2}{3} y \frac{10}{15}$ son equivalentes

$\frac{2}{3} \times \frac{8}{8} = \frac{16}{24}$; $\frac{2}{3} y \frac{16}{24}$ son equivalentes

Comparación:

Utilizamos signos de mayor > que, menor < que, o = igual.

Al comparar:

1) Fracciones homogéneas (denominadores iguales), la fracción que tenga el numerador mayor será la fracción mayor.

$\frac{2}{9} y \frac{6}{9}$ como 6>2 $\frac{6}{9} > \frac{2}{9}$ ó $\frac{2}{9} < \frac{6}{9}$

$\frac{3}{5} y \frac{1}{5}$ como 3>1 $\frac{3}{5} > \frac{1}{5}$

2) Fracciones con el mismo numerador, será mayor la del denominador menor.

$\frac{1}{5} y \frac{1}{2}$ como 2 es menor que 5 entonces, $\frac{1}{2} > \frac{1}{5}$ ó $\frac{1}{5} < \frac{1}{2}$

$\frac{2}{7} y \frac{2}{3}$ como 3 es menor que 7 entonces, $\frac{2}{3} > \frac{2}{7}$ ó $\frac{2}{7} < \frac{2}{3}$

3) Fracciones con denominadores diferentes (heterogéneas)

Se expresan como fracciones homogéneas, usando fracciones equivalentes.

$$\frac{5}{6} y \frac{7}{9}$$ *¿Cuál es mayor?*

Múltiplos de 6 y 9

6: 0, 6, 9, 12, 18, 24, 30, 36…

9: 0, 9, 18, 27, 36, 45…

$$\frac{5x3}{6x3} = \frac{15}{18} \qquad \frac{7x2}{9x2} = \frac{14}{18}$$

Como $\frac{15}{18} > \frac{14}{18}$ entonces, $\frac{5}{6} > \frac{7}{9}$

Otra forma de comparar fracciones es utilizando productos cruzados para compararlas:

$$\frac{3}{4} y \frac{2}{7}$$

$$3x7 = 21$$

$$4x2 = 8$$

Como 21>8 entonces, $\frac{3}{4} > \frac{2}{7}$

3.6 Simplificación de fracciones

Simplificar una fracción significa expresarla en su mínima expresión. Para realizar este proceso necesitamos el Máximo Común Divisor (MCD), o factor común mayor de dos números. Este concepto lo vimos en el primer capítulo.

Ejemplo: $\frac{24}{36}=\frac{2}{3}$

$\frac{24}{36}\div\frac{12}{12}=\frac{2}{3}$ = Expresión Mínima donde el 12 es el MCD

Pasos para simplificar una fracción:

1) Realizar la factorización prima de cada número (numerador y denominador).
2) Escoger factores primos comunes con el exponente menor o que se repitan la menor cantidad de veces.
3) Multiplicarlos y se halla el MCD.

Otro método para simplificar fracciones es el de los factores:

Factores de 24 y 36 son:

$\frac{24}{36}$: 1, 2, 3, 4, 6, 8, 12, 24
: 1, 2, 3, 4, 6, 9, 12, 18, 36

Factores comunes:

1, 2, 3, 4, 6, 12

Factor común mayor

12

Por lo tanto, $\frac{24}{36}\div\frac{12}{12}=\frac{2}{3}$ = Expesión Mínima

Ejercicio 3.1

Lee las siguientes fracciones:

1. $\frac{5}{9}$

2. $\frac{1}{7}$

3. $\frac{10}{10}$

4. $\frac{4}{8}$

5. $\frac{2}{3}$

6. $1\frac{1}{6}$

7. $3\frac{2}{5}$

8. $\frac{11}{15}$

9. $\frac{13}{25}$

10. $19\frac{9}{13}$

Ejercicio 3.2

Escribe la fracción correspondiente:

1) Tres sextos: ______________________________

2) Seis séptimos: ______________________________

3) Dos cuartos: ______________________________

4) Uno y un quinto: ______________________________

5) Doce treceavos: ______________________________

6) Treinta veinteavos: ______________________________

7) Diez y tres quintos: ______________________________

8) Ciento sesenta octavos: ______________________________

9) Nueves novenos: ______________________________

10) Siete treintavos: ______________________________

Ejercicio 3.3

A) Clasifica las siguientes fracciones en: Propias, Impropias o Mixtas:

1) $\frac{1}{10}$

2) $\frac{6}{9}$

3) $\frac{7}{2}$

4) $\frac{11}{11}$

5) $3\frac{1}{2}$

6) $\frac{14}{5}$

7) $\frac{13}{17}$

8) $\frac{73}{8}$

9) $\frac{4}{4}$

10) $\frac{1}{3}$

B) Escribe un conjunto de cinco (5) fracciones:

1) Homogéneas :______________________________

2) Heterogéneas :______________________________

Ejercicio 3.4

Expresa como fracciones impropias:

1) $5\frac{4}{7}$

2) $3\frac{5}{6}$

3) $100\frac{3}{15}$

4) $2\frac{1}{4}$

5) $7\frac{2}{3}$

6) $8\frac{4}{25}$

7) $5\frac{6}{9}$

8) $10\frac{1}{2}$

9) $14\frac{1}{6}$

10) $9\frac{7}{8}$

11) $50\frac{2}{7}$

12) $1\frac{14}{21}$

13) $150\frac{2}{4}$

14) $6\frac{5}{13}$

15) $23\frac{2}{10}$

Ejercicio 3.5

Expresa como números mixtos:

1) $\frac{5}{2}$

2) $\frac{8}{3}$

3) $\frac{7}{6}$

4) $\frac{36}{5}$

5) $\frac{59}{6}$

6) $\frac{79}{9}$

7) $\frac{135}{4}$

8) $\frac{30}{12}$

9) $\frac{15}{8}$

10) $\frac{151}{13}$

11) $\frac{171}{10}$

12) $\frac{200}{3}$

13) $\frac{48}{17}$

14) $\frac{20}{14}$

15) $\frac{90}{18}$

Ejercicio 3.6

Comparar utilizando el símbolo de mayor que (>) ó menor que (<).

1) $\frac{1}{3}$ ______ $\frac{2}{9}$

2) $\frac{2}{10}$ ______ $\frac{5}{10}$

3) $\frac{3}{7}$ ______ $\frac{1}{4}$

4) $3\frac{1}{2}$ ______ $2\frac{1}{2}$

5) $\frac{10}{13}$ ______ $\frac{5}{6}$

6) $\frac{2}{3}$ ______ $\frac{1}{2}$

7) $\frac{23}{24}$ ______ $\frac{23}{25}$

8) $\frac{1}{3}$ ______ $\frac{13}{10}$

9) $\frac{3}{11}$ ______ $\frac{2}{7}$

10) $1\frac{3}{7}$ ______ $1\frac{2}{8}$

Ejercicio 3.7

Hallar dos fracciones equivalentes para cada fracción dada:

1) $\frac{2}{3}$ __________ __________

2) $\frac{1}{5}$ __________ __________

3) $\frac{6}{9}$ __________ __________

4) $\frac{3}{10}$ __________ __________

5) $1\frac{3}{2}$ __________ __________

6) $\frac{7}{24}$ __________ __________

7) $\frac{19}{19}$ __________ __________

8) $2\frac{6}{5}$ __________ __________

9) $\frac{15}{20}$ __________ __________

10) $\frac{5}{13}$ __________ __________

Ejercicio 3.8

Determine si los pares de fracciones (son equivalentes):

1) $\frac{3}{5}, \frac{6}{10}$

2) $\frac{1}{4}, \frac{6}{25}$

3) $\frac{3}{8}, \frac{12}{32}$

4) $\frac{7}{12}, \frac{5}{9}$

5) $\frac{2}{13}, \frac{5}{39}$

Ejercicio 3.9

Simplificar cada fracción a su mínima expresión:

1) $\frac{5}{15}$

2) $\frac{10}{14}$

3) $\frac{6}{9}$

4) $\frac{9}{12}$

5) $\frac{12}{40}$

6) $\frac{18}{63}$

7) $\frac{13}{39}$

8) $\frac{21}{28}$

9) $\frac{4}{20}$

10) $\frac{16}{20}$

11) $\frac{21}{28}$

17) $\frac{42}{48}$

12) $\frac{15}{30}$

18) $\frac{10}{80}$

13) $\frac{28}{45}$

19) $\frac{75}{105}$

14) $\frac{9}{27}$

20) $\frac{24}{216}$

15) $\frac{45}{60}$

21) $\frac{60}{198}$

16) $\frac{50}{70}$

22) $\frac{210}{240}$

Capítulo 4
Operaciones Fracciones

"En matemáticas no se deben despreciar ni los errores más diminutos"

Isaac Newton

4.1 Suma y Resta Fracciones

Para sumar y restar fracciones hay que distinguir entre:

Fracciones con denominadores iguales, el cual se conocen como fracciones homogéneas y fracciones con denominadores diferentes, conocidas como fracciones heterogéneas.

Comencemos con la suma y resta de **fracciones homogéneas.**

En este caso para sumar o restar fracciones se mantiene constante el denominador y se suman o restan sus numeradores.

$$\frac{3}{10}+\frac{1}{10}+\frac{4}{10}=\frac{8}{10}=\frac{4}{5}$$

$$\frac{6}{15}+\frac{4}{15}-\frac{3}{15}=\frac{7}{15}$$

Ahora vamos a ver la suma y resta de **fracciones heterogéneas.**

Para sumar o restar fracciones con denominadores diferentes, lo primero que hay que hacer es buscar un denominador común a todas las fracciones del ejercicio.
El denominador común no es otra cosa que el MCM (Mínimo Común Múltiplo) que se estudió en el Capítulo 1.
Una vez obtenido el denominador común hay que calcular las fracciones equivalentes. Para cada fracción haremos lo siguiente:

Sustituimos su denominador por el denominador común.

Calculamos su numerador de la siguiente manera: dividimos el denominador común por el denominador original de cada fracción. El resultado obtenido lo multiplicamos por el numerador original, obteniendo el numerador de la fracción equivalente.

Por ejemplo:

$$\frac{1}{2}+\frac{2}{3}+\frac{3}{5}=$$

Vamos a calcular las fracciones equivalentes:

Primero calculamos el denominador común (MCM): 2 x 3 x 5 = 30

Ahora vamos a calcular el numerador equivalente de cada fracción:

Primera fracción:

Dividimos el denominador común entre su denominador: 30 ÷ 2 =15

Multiplicamos este resultado por su numerador: 15 x 1 = 15

Segunda fracción:

Dividimos el denominador común entre su denominador: 30 ÷ 3 = 10

Multiplicamos este resultado por su numerador: 10 x 2 = 20

Tercera fracción:

Dividimos el denominador común entre su denominador: 30 ÷ 5 =6

Multiplicamos este resultado por su numerador: 6 x 3 = 18

Ya podemos sustituir las fracciones originales por sus fracciones equivalentes:

$$\frac{15}{30}+\frac{20}{30}+\frac{18}{30}=\frac{53}{30}$$

Otro ejemplo:

$$\frac{2}{7}+\frac{1}{3}+\frac{3}{4}+\frac{1}{2}$$

Buscamos el MCM entre 7, 3, 4 y 2, obtenemos 84. Luego, procedemos como el ejercicio anterior.

$$\frac{24}{84}+\frac{28}{84}+\frac{63}{84}+\frac{42}{84}=\frac{157}{84}$$

Ejercicio 4.1

Realiza los siguientes ejercicios de suma y resta de fracciones, simplifica el resultado:

1) $\frac{1}{3}+\frac{2}{3}+\frac{4}{3}=$

2) $\frac{4}{5}+\frac{5}{5}+\frac{3}{5}=$

3) $\frac{4}{5}+\frac{5}{5}+\frac{3}{5}=$

4) $\frac{12}{8}-\frac{3}{8}=$

5) $\frac{11}{7}+\frac{4}{7}-\frac{3}{7}=$

6) $\frac{5}{8}+\frac{7}{12}=$

7) $\frac{2}{4}+\frac{3}{5}+\frac{1}{3}=$

8) $\frac{11}{18}-\frac{7}{12}=$

9) $\frac{7}{15}-\frac{3}{10}=$

10) $\frac{5}{9}+\frac{5}{6}+\frac{1}{3}=$

11) $\frac{8}{5}+\frac{4}{9}=$

12) $\frac{8}{5}+\frac{4}{9}=$

13) $\frac{1}{5}-\frac{3}{4}=$

14) $\frac{2}{3}+\frac{3}{2}+\frac{2}{5}=$

15) $\frac{7}{15}+\frac{2}{10}+\frac{1}{5}=$

4.2 Suma y Resta Números Mixtos

Primeramente, recordemos que un número mixto o fracción mixta está compuesto de una parte entera y otra fraccionaria.

Ejemplo: $4\frac{2}{3}, 2\frac{1}{4}, 8\frac{3}{7}$

Comencemos a sumar fracciones (números mixtos) homogéneas:

1) Un método es transformar el número mixto a fracción impropia y luego sumar según corresponda.

2) Otro método es el siguiente:

- Suma los enteros de las fracciones mixtas.
- Suma los numeradores de las fracciones.
- Coloca el resultado de esa suma sobre el denominador.
- Si el resultado es una fracción impropia, entonces hay que convertirla a fracción mixta y sumarle ese resultado a los enteros.
- Simplifica a términos mínimos la fracción, cuando sea necesario.

Ejemplo: $3\frac{2}{3}+5\frac{2}{3}=$

Primero, suma la parte entera de los números mixtos.

$3 + 5 = 8$

Segundo, suma la parte fraccionaria de los números mixtos.

$$\frac{2}{3}+\frac{2}{3}=\frac{4}{3}$$

Tercero, convierte $\frac{4}{3}$ a número mixto.

$$\frac{4}{3}=1\frac{1}{3}$$

Cuarto, suma la parte de los números enteros con el número mixto del paso anterior.

$$8+1\frac{1}{3}$$

Establece el resultado final: $9\frac{1}{3}$

Veamos cómo restar números mixtos que tienen el mismo denominador (homogéneas):

-Se restan los numeradores.
-Si el primer numerador es menor que el segundo, hay que aumentarlo.
-Para aumentar el numerador, se reagrupa.
-Re agrupar significa restarle uno (1) al entero de la fracción mixta y convertirlo en fracción, usando el mismo denominador del ejercicio. Luego, se le suma esa cantidad a la fracción que va a aumentar.

Ejemplo: $5\frac{1}{3}-3\frac{2}{3}=$

Primero, haz que el primer numerador sea mayor que el segundo:

$$5\frac{1}{3}=4\frac{4}{3}$$

Realizamos la resta: $5\frac{1}{3}-3\frac{2}{3}=$

$$4\frac{4}{3}-3\frac{2}{3}=1\frac{2}{3}$$

Recuerda que también puedes restar números mixtos transformándolos a fracciones impropias y luego realizando la operación de resta.

Ejemplo: $5\frac{1}{3}-3\frac{2}{3}=\frac{16}{3}-\frac{11}{3}=\frac{5}{3}=1\frac{2}{3}$

Ahora, veremos la suma de números mixtos con diferentes denominadores:

Para resolver este tipo de ejercicio, podemos utilizar el procedimiento aplicado en el ejercicio anterior o transformar el número mixto a fracción impropia.

Veamos un ejemplo aplicando el método enseñado en el ejercicio anterior:

$$5\frac{2}{3}+4\frac{1}{2}=$$

Sumamos en este caso, los enteros:

$$5+4=9$$

Luego realizaremos la suma de las fracciones:

$$\frac{2}{3}+\frac{1}{2}$$

Como las fracciones tienen diferentes denominadores, debemos calcular el MCM.

El M.C.M. de (3, 2) = 6 (Referirse a la sección 1.8)
Ahora, debemos cambiar las fracciones al común denominador o MCM.

$\frac{2}{3}+\frac{1}{2}=\frac{4}{6}+\frac{3}{6}$; es expresarlas en fracciones equivalentes

Luego, realizamos la suma que corresponde:

$$\frac{2}{3}+\frac{1}{2}=\frac{4+3}{6}=\frac{7}{6}=1\frac{1}{6}$$

(Como es una fracción impropia, la cambiamos a fracción mixta)

Ahora, al resultado obtenido le agregamos el resulado de la suma de los enteros, por lo que la respuesta será:

$$5\frac{2}{3}+4\frac{1}{2}=9+1\frac{1}{6}=10\frac{1}{6}$$

Lo próximo, es ver un ejemplo de resta de números mixtos con diferentes denominadores:

Para resolver la resta podemos utilizar el método explicado anteriormente o bien convertir el número mixto en una fracción impropia.

Veamos un ejemplo para que te quede más claro.

$$3\frac{1}{2}-2\frac{3}{4}=$$

Vamos a transformar los números mixtos en fracciones impropias. Trabajaremos primero con la primera fracción. Para transformar el número mixto a fracción impropia:

$$3\frac{1}{2} \quad \text{es lo mismo que} \quad \frac{7}{2}$$

Ahora trabajaremos con la otra fracción. Seguimos el mismo procedimiento que en la primera.

$$\frac{7}{2}-2\frac{3}{4}=$$

$$2\frac{3}{4} \quad \text{es lo mismo que} \quad \frac{11}{4}$$

Luego nos quedaría:

$$\frac{7}{2}-\frac{11}{4}=$$

Ahora, debemos realizar la operación, como tenemos dos fracciones con diferentes denominadores, debemos obtener el mínimo común múltiplo (MCM) o denominador común entre las dos fracciones:

$$\frac{7}{2}-\frac{11}{4}=\frac{14}{4}-\frac{11}{4}=\frac{3}{4}$$

Lo que hicimos fue buscar nuestro mínimo común múltiplo o denominador común que es 4.

Luego, convertimos las fracciones para que tengan el mismo denominador y restamos hasta conseguir el resultado final.

Ejercicio 4.2

Realiza los siguientes ejercicios de suma y resta de números mixtos, simplificando el resultado:

1) $2+5\frac{3}{4}$

2) $3\frac{3}{5}+8$

3) $6\frac{2}{3}+4$

4) $2\frac{1}{4}+\frac{2}{5}$

5) $1\frac{2}{3}+2$

6) $12\frac{7}{9}+9\frac{3}{4}$

7) $11+6\frac{3}{4}+2\frac{1}{3}$

8) $8\frac{5}{8}+6\frac{2}{3}+4\frac{2}{5}$

9) $\frac{1}{2}+12\frac{3}{5}+10\frac{1}{4}$

10) $1\frac{2}{3}+2\frac{3}{4}+34\frac{4}{5}$

11) $15\frac{1}{2}+8\frac{1}{2}+12\frac{1}{2}$

12) $\frac{6}{5}+\frac{7}{3}+2\frac{1}{8}$

13) $6-4\frac{3}{4}$

14) $18\frac{3}{5}-5$

15) $16\frac{2}{3}-4$

16) $12\frac{1}{4}-3\frac{3}{5}$

17) $3\frac{2}{3}-3$

18) $15\frac{5}{9}-9\frac{3}{4}$

19) $8\frac{5}{8}+6\frac{2}{3}-1\frac{2}{5}$

20) $25\frac{1}{2}-8\frac{1}{2}$

4.3 Multiplicación Fracciones

Hay 3 simples pasos para multiplicar fracciones:

1. Multiplica los números de arriba (numeradores).
2. Multiplica los números de abajo (denominadores).
3. Simplifica la fracción.

Ejemplo:

$$\frac{1}{3}x\frac{2}{5}=$$

$$\frac{1}{3}x\frac{2}{5}=\frac{1x2}{3x5}=\frac{2}{15}$$

Otro ejemplo:

$$\frac{1}{3}x\frac{9}{16}x\frac{4}{5}=\frac{1x9x4}{3x16x5}=\frac{36}{240}=\frac{3}{20}$$

En este ejercicio se simplificó el resultado de la multiplicación a términos mínimos, usando el 12 como máximo común divisor (MCD).

$$\frac{36}{240}=\frac{3}{20}$$

También, para la multiplicación de fracciones, podemos utilizar el proceso de cancelación. El mismo consiste en hacer divisiones entre numeradores y denominadores y lo que sobre, se multiplica.

Ejemplo:

$$\frac{\overset{2}{\cancel{4}}}{3}\times\frac{5}{\underset{3}{\cancel{6}}}=\frac{10}{9}$$

Se canceló el 4 y el 6, dividiéndolos por 2, ya que es el número más grande que tienen en común. Es decir, se dividen por el M.C. D. (Máximo Común Divisor).

Es importante mencionar que en el proceso de cancelación lo que no es permitido es cancelar un numerador con otro numerador ni un denominador con otro denominador.

Ejercicio 4.3

Realiza los siguientes ejercicios de multiplicación de fracciones, simplifica el resultado:

1) $\frac{2}{3} x \frac{9}{16}$

2) $\frac{5}{6} x \frac{5}{20}$

3) $\frac{15}{45} x \frac{14}{52}$

4) $\frac{54}{60} x \frac{66}{72}$

5) $\frac{4}{7} x \frac{9}{16} x \frac{21}{27}$

6) $\frac{10}{22} x \frac{3}{7} x \frac{11}{30}$

7) $\frac{17}{23} x \frac{31}{51} x \frac{69}{70}$

8) $\frac{1}{7} x \frac{4}{13} x \frac{19}{21}$

9) $\frac{4}{11} x \frac{7}{49} x \frac{33}{22} x \frac{11}{28}$

10) $\frac{10}{41} x \frac{24}{36} x \frac{23}{75} x \frac{12}{23}$

4.4 Multiplicación Números Mixtos

Para multiplicar números mixtos:

1. Convertir los números mixtos a fracciones impropias.
2. Multiplicar las fracciones como se hizo en la sección anterior.
3. Convertir el resultado en fracción mixta, cuando éste sea una fracción impropia. Simplificar cuando sea necesario.

Ejemplo:

$$1\frac{3}{8}x3=$$

$$\frac{11}{8}x3=\frac{11}{8}x\frac{3}{1}=\frac{33}{8}=4\frac{1}{8}$$

Otro ejemplo:

$$1\frac{1}{2}x2\frac{1}{5}=$$

$$\frac{3}{2}x\frac{11}{5}=\frac{33}{10}=3\frac{3}{10}$$

Otro ejemplo:

$$3\frac{1}{4}x3\frac{1}{3}=$$

$$\frac{13}{4}x\frac{10}{3}=\frac{130}{12}=10\frac{10}{12}=10\frac{5}{6}$$

Ejercicio 4.4

Realiza los siguientes ejercicios de multiplicación de números mixtos, simplifica el resultado:

1) $2\frac{1}{2} x 1\frac{1}{3}$

2) $1\frac{3}{4} x \frac{3}{7}$

3) $\frac{5}{9} x 6\frac{3}{4}$

4) $2\frac{2}{3} x 4\frac{1}{2}$

5) $7 x 4\frac{6}{7}$

6) $3\frac{1}{3} x \frac{5}{8}$

7) $5\frac{1}{2} x 10$

8) $2\frac{1}{12} x 5\frac{1}{3}$

9) $30 \times 3\frac{1}{3}$

10) $12\frac{2}{3} \times 14\frac{1}{4}$

4.5 División Fracciones

Dividir fracciones es multiplicar por el recíproco (inverso multiplicativo).
Existen tres pasos para dividir fracciones:

Paso 1: La primera fracción se queda igual.
Paso 2: Se cambia el signo de división a multiplicación.
Paso 3: A la segunda fracción, se le busca su recíproco.
Paso 4: Se multiplican las fracciones.
Paso 5: Se simplifica.

Ejemplo:

$$\frac{1}{2} \div \frac{3}{4} =$$

$$\frac{1}{2} \times \frac{4}{3} = \frac{4}{6} = \frac{2}{3}$$

Otro ejemplo:

$$\frac{7}{10} \div \frac{3}{4} =$$

$$\frac{7}{10} \times \frac{4}{3} = \frac{28}{30} = \frac{14}{15}$$

Ejercicio 4.5

Realiza los siguientes ejercicios de división fracciones, simplifica el resultado:

1) $\frac{2}{5} \div \frac{8}{20}$

2) $\frac{12}{20} \div \frac{36}{42}$

3) $\frac{11}{19} \div \frac{33}{38}$

4) $\frac{24}{30} \div \frac{72}{90}$

5) $\frac{1}{21} \div \frac{1}{42}$

6) $\frac{19}{41} \div \frac{19}{41}$

7) $\frac{111}{222} \div \frac{123}{400}$

8) $\frac{19}{26} \div \frac{15}{41}$

9) $\frac{91}{104} \div \frac{7}{47}$

10) $\frac{34}{48} \div \frac{108}{112}$

4.6 División Números Mixtos

Para dividir números mixtos:

Paso 1: Convertir los números mixtos a fracciones impropias.

Paso 2: Dividir las fracciones recordando que la segunda fracción se invierte o se busca su recíproco.

Paso 3: Convertir el resultado en fracción mixta, cuando éste sea una fracción impropia. Y simplificar cuando sea necesario.

Ejemplo:

$$5\frac{1}{3} \div 4\frac{1}{2} =$$

$$\frac{16}{3} \div \frac{9}{2} =$$

$$\frac{16}{3} \times \frac{2}{9} = \frac{32}{27} = 1\frac{5}{27}$$

Otro ejemplo:

$$8\frac{1}{2} \div 12 =$$

$$8\frac{1}{2} \div \frac{12}{1} =$$

$$\frac{17}{2} \times \frac{1}{12} = \frac{17}{24}$$

Otro ejemplo:

$$5 \div 2\frac{1}{2} =$$

$$\frac{5}{1} \div \frac{5}{2} =$$

$$\frac{5}{1} \times \frac{2}{5} = \frac{10}{5} = 2$$

Ejercicio 4.6

Realiza los siguientes ejercicios de división de números mixtos, simplifica el resultado:

1) $4\frac{2}{3} \div 5\frac{1}{4}$

2) $3\frac{7}{8} \div 4\frac{3}{5}$

3) $1\frac{3}{4} \div 2\frac{1}{2}$

4) $4\frac{1}{2} \div 6$

5) $3\frac{3}{7} \div 4\frac{5}{8}$

6) $5\frac{5}{8} \div 1\frac{2}{3}$

7) $\frac{5}{4} \div 4\frac{1}{7}$

8) $9 \div 3\frac{1}{3}$

9) $3\frac{5}{10} \div 2\frac{1}{3}$

10) $5\frac{3}{4} \div 4\frac{1}{3}$

4.7 Aplicaciones

Las aplicaciones de fracciones se realizan cuando usamos cualquiera de las operaciones de suma, resta, multiplicación y división para resolver problemas de la vida diaria.

Ejemplo: Marta tiene tres pedazos de papel para forrar un regalo. Los pedazos son de ½, 2/3 y ¾ pies. Determina la cantidad total de papel que Marta usó para forrar el regalo.

$$\frac{1}{2}+\frac{2}{3}+\frac{3}{4}=\frac{6+8+9}{12}=\frac{23}{12}\text{pies}$$

Ejemplo: Un empleado trabajó el lunes 8 y 1/3 horas y el jueves 9 y 3/4 horas. ¿Cuántas horas trabajó en los dos días?

$$8\frac{1}{3}+9\frac{3}{4}=17\frac{4+9}{12}=17+1\frac{1}{12}=18\frac{1}{12}\ \textbf{horas}$$

Ejemplo: Carlos tiene que practicar piano ¾ de hora diariamente. LLeva 2/5 hora en su práctica, ¿cuánto le falta?

$$\frac{3}{4}-\frac{2}{5}=\frac{15-8}{20}=\frac{7}{20}\ \textbf{hora}$$

Ejemplo: Jaime pesaba 146 ¾ libras el mes pasado. Luego de dieta y ejercicios por un mes, bajó a un peso de 137 2/5 libras. ¿Cuánto rebajó Jaime ese mes?

$$146\frac{3}{4}-137\frac{2}{5}=9\frac{15-8}{20}=9\frac{7}{20}\ \textbf{libras}$$

Ejemplo: Un empleado trabajó 9 ¼ horas durante 8 días. Determine cuánto horas trabajó en total en ese periodo de tiempo.

$$9\frac{1}{4}\times 8=\frac{37}{4}\times\frac{8}{1}=\frac{296}{4}=74\ \textbf{horas}$$

Ejemplo: Un carnicero quiere dividir un pedazo de carne de res que pesa 28 ¾ libras en paquetes de 1 ¼ libras para venderla. ¿Cuántos paquetes le saldrán para la venta del pedazo de carne?

$$28\frac{3}{4} \div 1\frac{1}{4} = \frac{115}{4} \div \frac{5}{4} = \frac{115}{4} x \frac{4}{5} = \frac{460}{20} = 23 \textbf{ paquetes}$$

Ejercicio 4.7

Realiza los siguientes ejercicios de aplicación de fracciones, simplifica el resultado:

1) A Juan le dieron 1/3 de pastel y a Ramón 1/5 de pastel. ¿Cuánto reunieron del pastel entre los dos?

2) Verónica acaba de comenzar la escuela superior y quiere administrar su tiempo correctamente. Le dedica 3/2 horas cada día a las tareas de la escuela, ½ hora cada día para ayudar en la casa y 17/2 horas cada día para dormir. **¿Cuántas horas al día** están destinadas para estas actividades?

3) La clase de Español de la profesora Reyes tenía 35 estudiantes, 3/5 parte de los estudiantes obtuvieron una nota mayor de 3.00. Determine cuántos estudiantes obtuvieron 3.00 ó más en la clase de Español.

4) Migdalia necesita hacerse un traje para su fiesta de cumpleaños. Compró 2 4/5 yardas para la falda del traje y 1 3/8 yardas para la parte de la blusa. ¿Cuántas yardas en total compró Migdalia de tela para hacerse su traje de cumpleaños?

5) Un pedazo de jamón congelado pesa 5 4/9 libras. Luego de ser cocido pesó 4 2/7 libras. ¿Cuánto peso perdió el jamón luego de cocido?

6) Raúl recibió el año pasado unos ingresos de $21,600. De esta cantidad ahorró 2/5 partes de sus ingresos. Determina cuánto ahorró Raúl el año pasado.

7) María visita el gimnasio diariamente a ejercitarse por 7/8 de hora. Determina cuántas horas María va al gym de lunes a viernes.

8) Un bizcocho que pesa 7 ½ libras, se quiere dividir en pedazos de ¼ de libra para repartirlo entre los niños del campamento de verano. ¿Si el campamento tiene una matrícula de 28 niños, alcanzará el bizcocho para todos?

9) Una lata de salsa de tomate contiene ¾ de onza. Si se usó ½ onza para guisar unas habichuelas, ¿cuánta salsa sobró en la lata?

10) Para realizar un trabajo de plomería, un hombre usó cuatro pedazos de tubo galvanizado que medían 2/5 pies, 2/3 pie, ¼ pie y 3/8 pie. ¿Cuántos pies en total usó el hombre para el trabajo de plomería?

Capítulo 5
Decimales

"Si la gente no piensa que las matemáticas son simples,
es solo porque no se dan cuenta de lo complicada que es la vida"
J. Neumann

5.1 Introducción

Nuestro sistema de numeración es un sistema de valor posicional. Se compone de diferentes conjuntos de números (naturales, enteros, fracciones). Un número decimal es un número fraccionario que se indica por medio de dígitos después de un punto llamado punto decimal, el cual está exactamente a la derecha de las unidades. En este capítulo introduciremos los números decimales que son necesarios para describir números pequeños o grandes como queramos, usando el punto decimal. Si ponemos cifras a la izquierda del punto decimal tenemos valores mayores que uno (1) y a la derecha del punto decimal, valores menores que uno (1).

Veamos: la diferencia entre un sistema (enteros) y otro (decimal).

Parte Entera								Parte Decimal					
3,	4	5	6,	7	8	9	.	1	2	3,	4	5	6
millón	millar	millar	millar	centenas	decenas	unidades	Punto decimal	décimas	centésimas	milésimas	diez milésimas	cien milésimas	millonésima
Se divide en periodos de tres posiciones, cada posición es 10 veces mayor que la anterior.								Cada posición es 10 veces menor que la anterior.					

Al dividir 1 con una potencia de 10, surgen los decimales.

Ejemplos:

Fracción	Decimal	Lectura	Lugar decimal
$\frac{1}{10}=$	0.1	una décima	1
$\frac{1}{100}=$	0.01	una centésima	2
$\frac{1}{1000}=$	0.001	una milésima	3
$\frac{1}{10000}=$	0.0001	una diez milésima	4
$\frac{1}{100000}=$	0.00001	una cien milésima	5

Notación Expandida

Notación expandida es cuando escribimos el número con la suma de los valores posicionales de cada dígito.

Ejemplos:

2.453 = 2 unidades + 4 décimas + 5 centésimas + 3 milésimas

$$2+\frac{4}{10}+\frac{5}{100}+\frac{3}{1000}$$

0.63 = 0 unidades + 6 décimas + 3 centésimas

$$0+\frac{6}{10}+\frac{3}{100}$$

5.2 Lectura de Decimales

Para leer un decimal leemos la parte entera (si es diferente a cero), el punto decimal se lee como "y" y la parte decimal como un número entero seguido por el nombre de la última posición decimal.

Ejemplo:

1)	7.34	siete y trenticuatro centésimas
2)	0.115	ciento quince milésimas
3)	0.3	tres décimas

Para convertir de la forma escrita en palabras a la forma estándar, primero, se escribe la parte entera de la frase antes de la y(cuando haya un entero) y la parte decimal después. Segundo, se le escribe el punto decimal y luego, la frase después del punto decimal con los lugares decimales correspondientes.

Ejemplo:

1)	Doce centésimas	0.12
2)	Doscientos cinco milésimas	0.205
3)	Once y seis décimas	11.6
4)	Noventa y quinientos trece diezmilésimas	90.0513

5.3 Comparación de decimales

Para comparar decimales, tilizamos símbolos de mayor >, menor <, o es igual =. Los pasos para comparar números decimales son: identificamos si el número tiene parte entera y comparamos los dígitos de los mismos lugares o posiciones:

unidades con unidades
decenas con decenas
centenas con centenas

Luego, comparamos las partes decimales, comparando los dígitos que se encuentran en los mismos lugares o posiciones decimales.

También nos puede facilitar la comparación de decimales, igualando la cantidad de lugares decimales escribiendo ceros adicionales.

Ejemplos:

1) 2.43 < 3.21 parte entera	como 2 es menor que 3, entonces 2.43 es menor que 3.21
2) 15. 81 < 15.93 parte también	como 15 decenas es igual a 15 decenas, comparamos la decimal .81 es menor que .93 por lo tanto 15.81 < 15.93, .8 décimas es menor .9 nueve décimas.
3) 0.271 > 0.125	2 décimas mayor que una décima
4) 0.6 > 0.431	6 décimas es mayor que 4 décimas o podemos añadir ceros adicionales para igualarlos: 0.600 > 0.431
5) 0.7 = 0.70	7 décimas es igual a 7 décimas, añado ceros 0.70 = 0.70

5.4 Redondeo decimales

El redondear decimales es aproximar o estimar cantidades. Aplicamos la regla del cinco (5).

Pasos:

1) Identificar el dígito que queremos redondear a la décima->0.**7**4

2) Examinar el dígito a la derecha del dígito a redondear dígito derecho ->0.7**4**

3) Aplicar la regla del 5 a ese dígito. La regla del 5 establece que si el número que está a la derecha del que vamos a redondear, es menor que 5 se queda igual (no cambia el dígito), si es igual o mayor que 5, se le suma 1

al dígito que se va a redondear. Por ejemplo: 0.74 como se va a redondear a la décima que es el 7, nos fijamos al número del lado que es 4, como es menor que 5, se queda igual, es decir, 0.74.

4) Eliminar los dígitos que estén a la derecha, por lo tanto al final queda 0.7.

Ejemplos:

Redondea a la **décima:**

1) 0.**63** -> 0.6	3 < 5, se queda igual
2) 0.**67**->0.7	como 7 > 5 se le suma 1 al 6 (6+1=7)
3) 3.**85**->3.9	como 5 = 5 se le suma uno al 8 (8+1=9)

Redondea a la **centésima:**

1) 0.1**24**-> 0.12	se queda igual, porque 4 < que 5
2) 8.1**76**-> 8.18	como 6 > 5 se le suma 1 al 7(7+1=8)

Cuando el dígito a redondear es 9, se afectan dos posiciones decimales.

Ejemplos:

1) 2.**97**	redondeando a la décima, como 7 > 5 se le suma 1 al 9, se convierte en 10 por lo tanto hay que reagrupar, se convierte en 3.0.
2) 0.93**96**	redondeando a la milésima, como 6 > 5 se le suma 1 al 9 (9+1=10). Se reagrupa y se convierte en 0.940.
3) 0.**99**	redondeando a la décima, se convierte en 1.0.

Ejercicio 5.1

Escribe en palabras (como se lee):

1) 0.4

11) 581.851

2) 0.9

12) 0.0704

3) 1.5

13) 0.1116

4) 0.29

14) 23.2934

5) 0.86

15) 0.0767

6) 7.73

16) 2.1693

7) 0.141

17) 0.22222

8) 0.587

18) 280.00043

9) 9.201

19) 449.10721

10) 20.349

20) 23.0061

Ejercicio 5.2

Escribe en forma estándar (con números):

1) cinco décimas

2) cinco centésimas

3) cinco milésimas

4) veintiocho centésimas

5) uno y doscientos seis milésimas

6) novecientos veintiseis diez milésimas

7) quinientos siete cien milésimas

8) trece y ochocientos nueve milésimas

9) setenta y catorce centésimas

10) tres y dos milésimas

Ejercicio 5.3

Expresa en notación expandida:

1) 7.25

2) 0.214

3) 61.3246

4) 2335.80123

5) 42.58791

Ejercicio 5.4

Escribe cada fracción decimal como un decimal:

1) $\frac{7}{10}$

2) $\frac{15}{100}$

3) $\frac{9}{1000}$

4) $\frac{28}{10000}$

5) $\frac{131}{1000}$

6) $\frac{12}{100}$

7) $\frac{2}{10}$

8) $\frac{138}{100000}$

Ejercicio 5.5

A) Redondear decimales al lugar indicado:

Redondear a la **décima**:

1) 0.72

2) 0.16

3) 2.35

4) 114.267

5) 9.538

Redondear a la **centésima**:

1) 3.143

2) 0.297

3) 11.056

4) 2.884

5) 900.771

Redondear a la **milésima**:

1) 0.3125

2) 0.4899

3) 26.0272

4) 9.1134

5) 1,020.5568

B) Redondear decimales al lugar indicado:

1) 16.0995 entero

2) 16.0995 décima

3) 16.0995 centésima

4) 16.0995 milésima

5.5 Suma de decimales

Para sumar o restar objetos deben ser similares (semejantes). Cuando sumamos decimales aplicamos la misma regla, alineamos los lugares de forma tal que se sumen décimas con décimas, centésimas con centésimas, milésimas con milésimas, y así sucesivamente.

Consideremos el siguiente ejemplo:

13.120 + 3.026 + 4 + 0.7= alineamos los lugares

```
   13.120  }
    3.026  }    Podemos añadir ceros para
    4.000  }    los lugares decimales.
 +  0.700  }
   20.846 ──┐
            └── Colocamos el punto decimal en el resultado directamente
                debajo de los puntos decimales de los sumandos.
```

Pasos Sumar decimales:

1) Alinear los puntos decimales usando forma de columnas.
2) Sumar los números como si fueran enteros.
3) Escribe el punto decimal en el resultado directamente debajo de los otros puntos decimales.

Ejemplo: 9.304 + 0.8 + 0.78 + 5

```
   9.304
   0.800
   0.780
 + 5.000
  15.884
```

5.6 Resta decimales

Los pasos para la resta de decimales son los siguientes:

1) Alinear los puntos decimales.
2) Restar los números como si fueran enteros.
3) Escribir el punto decimal directamente debajo de los puntos decimales.

Ejemplo:

1) 394.8 – 183.7	394.8	
	- 183.7	
	211.1	

Ejemplo:

2) 25.4 – 18.596	25.400	añadir ceros para
	- 18.596	reagrupar (pedir prestado)
	6.804	y restar.

Ejemplo:

3) 9 – 0.1234	9.0000	añadir ceros para reagrupar
	- 0.1234	
	8.8766	

5.7 Multiplicación decimales

Para multiplicar decimales no tenemos que alinear los lugares decimales.

Pasos:

1) Multiplicamos los números decimales como si fueran enteros.
2) Contamos los lugares decimales en los factores.
3) Colocamos el punto decimal igualando la cantidad de lugares que hay en los factores.

Ejemplo: 7.8 x 5.6=

Factores 7.8 -> 1 lugar decimal — el resultado debe tener 2 lugares decimales

x 5.6 -> 1 lugar decimal

468
390 } no llevan punto decimal

43.68 ← colocar el punto decimal a 2 lugares

Ejemplo: 3.4 x 0.002=

3.4 -> 1 lugar decimal
x 0.002 -> 3 lugares decimales } colocar punto decimal a 4 lugares decimales

0.0068 -> 4 lugares decimales, se añaden ceros

Al multiplicar decimales por potencias de 10 equivale mover el punto decimal a la derecha, la cantidad de ceros que tenga el número o el exponente.

Potencia	Valor	Cantidad de ceros	Mover punto (lugares)
10^1	10	1	1
10^2	100	2	2
10^3	1,000	3	3
10^4	10,000	4	4
10^5	100,000	5	5

1 cero
7.531 x 10 = 75.31
1 lugar derecha

2 ceros
7.531 x 100 = 753.1
2 lugares derecha

11.8 x 10 =118
3.734 x 100 = 373.4
0.0246 x 1,000 = 24.6

5.8 División de decimales

En la división de decimales existen dos casos para las divisiones con decimales.

Decimal entre entero:

- Dividimos como si fueran enteros
- Subimos el punto decimal directo al cociente.
- Si el residuo es diferente de cero, añadirnos ceros al dividendo para continuar la división.

Ejemplo: Dividir 56.7 ÷7

```
     8.1
  7)56.7    Escribir en forma división larga
    56      Subir el punto directo al cociente
     07
     07
      0     Si el residuo es diferente de cero, añadimos ceros al
            dividendo por continuar división.
```

Ejemplo: Dividir 13.869 ÷ 6

```
    2.3115
 6)13.8690
  -12
    18
   -18
    06
   -06
     09
    -06
      30
     -30
       0
```

Decimal entre decimal:

Para dividir dos decimales debemos convertir el divisor en un número entero; para lograr ésto, movemos el punto decimal a la derecha hasta convertirlo en un número entero. También hacemos lo mismo con el dividendo, mover el punto decimal del dividendo el mismo número de veces que se movió en el divisor, luego subimos el punto decimal al cociente y procedemos con la división.

El proceso de mover el punto equivale a multiplicar por una potencia de 10, para convertir el divisor en un entero.

Ejemplo:

Decimal	→	a entero
0.4 x 10	→	4
0.15 x100	→	15
0.216 x 1000	→	216

Ejemplo: $0.0688 \div 0.32 =$

```
              0.215
0.32.√0.06.880     añadir los ceros necesarios para seguir la división
       -64
         48
        -32
         160
        -160
           0
```

División con potencias de 10:

Para dividir un número por una potencia de 10 movemos el punto decimal del dividendo a la izquierda tantas posiciones o lugares decimales como ceros tenga la potencia de diez, de ser necesario añadimos ceros para completar el número requerido de posiciones decimales.

Ejemplos:

1 cero

23.4 ÷10 = 2.34 Se mueve el punto 1 posición a la izquierda

2 ceros

8.67÷100 = 0.0867 Se mueve el punto 2 posiciones a la izquierda

3 ceros

256.1÷1000 = 0.2561 Se mueve el punto 3 posiciones a la izquierda

Ejercicio 5.6

Realiza las siguientes sumas de decimales:

1) 36.23 + 48. 111

2) 0.98 + 4.3 + 6.78

3) 12.11 + 7 + 9.999

4) 0.5689 + 33.01 + 6.900 + 0.1

5) 567.8 + 789.5 + 0.31 + 9.05

6) 45.45 + 678.0 + 101.01 + 678.4

7) 1, 345.48 + 678.5 + 33.445

8) 5.67 + 789.789

9) 115, 451. 4 + 100.31

10) 900.21 + 56.67 + 112.34

11) 67.9 + 0.0004 + 111.1

12) 456.41 + 3.33 + 2.22 + 8.0

13) 876.0 + 86.90 + 12.12

14) 55.5 + 5.5 + 0.55

15) 12.39 + 9,456.22

Ejercicio 5.7

Realiza las siguientes restas de decimales:

1) 56.45 – 7.12

2) 45.789 – 44.9

3) 115.6789 – 3.7

4) 34.654 – 12.9999

5) 567.90 – 1.32

6) 178.0900 – 90.678900

7) 90 – 9.999

8) 56.76 – 8.1

9) 4,590.1 – 78.987

10) 112, 345.3 – 99,667.7

11) 34.654 – 29

12) 45.54 – 0.00056

13) 0.5678 – 0.34567

14) 123.123 – 99.9

15) 89.1 – 37.78903

Ejercicio 5.8

Multiplica:

1) 13 x 0.8

2) 16.84 x 0.6

3) 231.02 x 0.5

4) 85.30 x 0.4

5) 32.6 x 0.12

6) 9.35 x 0.24

7) 2.301 x 5.8

8) 6.435 x 7.4

9) 3 x 8159.2

10) 4.719 x 6.7

11) 283.04 x 43

16) 0.1711 x 5.83

12) 0.0299 x 9

17) 2.6(3.4)(7.9)

13) 1.2568 x 0.281

18) 8.2(9.9)(3.5)

14) 2.13 x 5.04

19) 28.15 x 1.523

15) 67.82 x 5.1

20) 0.108 x 1.82 x 7

Multiplicar por potencias de 10:

21) 1.12 x 10

26) 4.321 x 100

22) 0.0037 x 100

27) 12.03 x 100

23) 52.52 x 1,000

28) 0.6543 x 1,000

24) 85.07 x 10,000

29) 3.042 x 100,000

25) 0.96 x 1,000

30) 0.2679 x 10,000

Ejercicio 5.9

Realiza las siguientes divisiones con decimales:

1) $38.8 \div 6$

2) $21.6 \div 4$

3) $43.4 \div 3$

4) $706.2 \div 1.2$

5) $3.549 \div 0.21$

6) $1648.3 \div 0.46$

7) $37.19 \div 8.18$

8) $125.89 \div 12.5$

9) $13.77 \div 8.1$

10) $288.1 \div 0.67$

11) $14.877 \div 2.2$

16) $76.127 \div 0.25$

12) $21.285 \div 0.45$

17) $0.6394 \div 7.8$

13) $46.535 \div 6.5$

18) $28.005 \div 0.15$

14) $1.8231 \div 0.9$

19) $3.9413 \div 0.009$

15) $3.0058 \div 0.14$

20) $82.478 \div 1.12$

Ejercicio 5.10

Divide por las siguientes potencias de 10:

1. $28 \div 10$
2. $36 \div 10$
3. $0.8 \div 10$
4. $7.11 \div 100$
5. $25 \div 100$
6. $1.432 \div 100$
7. $55.32 \div 1{,}000$
8. $0.097 \div 1{,}000$
9. $6 \div 10{,}000$
10. $73.42 \div 10{,}000$

Capítulo 6
Razones, proporciones y porcientos

"Las matemáticas son el arte de la explicación"
Paul Lockhart

6.1 RAZONES

Utilizamos con frecuencia las razones para describir relaciones entre dos cantidades o dos números. Una razón es la comparación entre esas dos cantidades que tienen la misma unidad de medida. La razón entre a y b, se puede escribir de diferentes formas. Pero, es muy importante el orden en que se establece.

Se puede escribir, utilizando dos puntos, con la "a" entre dos números y con la barra de fracción para separar los números que se están comparando.

a : b   a "a" b $\frac{a}{b}$

El primer término de una razón es el antecedente y el segundo el consecuente.

a ⟶ antedecente

b ⟶ consecuente

Ejemplos:

1. La razón entre 5 y 7 se puede escribir:

   5 : 7,   5 a 7, $\frac{5}{7}$ ⟶ *forma de fracción*

2. Por cada 8 hombres hay 12 mujeres:

   8 a 12,   8 : 12, $\frac{8}{12}$

Al escribir la razón en forma de fracción debe estar en su forma más simple.

$$\frac{8}{12} = \frac{2}{3}$$ Usamos el 4 para simplificar.

Las razones $\frac{8}{12}$ *y* $\frac{2}{3}$ representan números iguales, por lo tanto, son razones iguales.

Las razones deben expresarse con las mismas unidades de medida; por ejemplo pies con pies, pulgadas con pulgadas, onzas con onzas, etc. Si las unidades son diferentes, podemos expresarlas con la unidad de medición más pequeña.

Ejemplo:

1. Escribir la razón de 2 horas a 80 minutos.

$\frac{\text{2 horas}}{\text{80 minutos}}$; convertimos las horas en minutos: 1 hora = 60 minutos.

2 horas = 120 minutos

La razón sería: $\frac{\text{120 minutos}}{\text{80 minutos}}$ al simplificar $\frac{120}{80} = \frac{3}{2}$ (se usó el 40 para simplificar, es decir el MCD es 40).

La razón 120 a 80 es igual a la razón 3 a 2

Las razones se pueden simplificar como las fracciones.
Otros ejemplos:

1) 10 a 15 = $\frac{10}{15} = \frac{2}{3}$ = simplificamos $\frac{10}{15}$ con el 5 como MCD.

La relación 10 a 15 es la misma que 2 a 3

2) La razón 14 a 18 = $\frac{14}{18} = \frac{7}{9}$ simplificamos $\frac{14}{18}$ con el 2 como MCD.

3) Establece y simplifica la razón en cada situación.

a) 3 niños por cada 9 adultos

$$\frac{3}{9}=\frac{1}{3}$$

b) 5 ciertos por cada 7 falsos

$$\frac{5}{7} \text{ (no simplifica)}$$

Algunas razones pueden estar formadas por números mixtos

$$1\frac{1}{5} \text{ a } 6, \quad 1\frac{1}{5} \div 6, \quad 1\frac{1}{5} : 6$$

Para entender la razón, expresamos la fracción mixta a impropia.

$$1\frac{1}{5} \div 6 \text{ (se realiza una división fracciones)}$$

$$1\frac{1}{5} \text{ x } \frac{1}{6} \text{ (se cambia la fraccion mixta a impropia)}$$

$$\frac{6}{5} \text{ x } \frac{1}{6} = \frac{6}{30} \text{ (multiplicamos)}$$

$$\frac{6}{30} = \frac{1}{5} \text{ (simplificamos)}$$

La razón 6 a 30 es igual a la razón 1 a 5

Ejemplo:

1) Un equipo de baloncesto reportó 8 juegos ganados y 4 perdidos. Establece las siguientes razones y simplifica de ser necesario.

a) Juegos ganados a perdidos $\frac{8}{4} = \frac{2}{1}$

b) Juegos ganados a celebrados $\frac{8}{12} = \frac{2}{3}$

c) Juegos perdidos a celebrados $\frac{4}{12} = \frac{1}{3}$

d) Juegos perdidos a ganados $\frac{4}{8} = \frac{1}{2}$

6.2 Proporciones

Proporción es un término que procede del vocablo latino "proportio". Es la correspondencia o equilibrio que existe de un componente de un total. Una proporción es la igualdad entre dos razones.

$\frac{a}{b}=\frac{c}{d}$ a : b = c : d; significa que a es a b como c es a d.

Los términos de una proporción

$\frac{a}{b}=\frac{c}{d}$ a y d son los extremos
b y c son los medios

Ejemplo:

$\frac{1}{2}=\frac{5}{10}$ se lee 1 es a 2 como 5 es a 10

1 y 10 son los extremos

2 y 5 son los medios

Existe una propiedad fundamental para que sea una proporción: el producto de los medios es igual al producto de los extremos. Es una propiedad fundamental para que sea una proporción.

$\frac{a}{b}=\frac{c}{d}$ (a) (d) = (b) (c)

Además, en toda proporción, el valor de un extremo equivale al producto de los medios, dividido entre el otro extremo.

Ejemplo:

$$\frac{¿}{4}=\frac{20}{10}\ ;\quad \frac{4\times 20}{10}=\frac{\text{producto medios}}{\text{extremo}}=\frac{80}{10}=8\ ;\quad \frac{8}{4}=\frac{20}{10}$$

$$\frac{¿}{3}=\frac{12}{4}\ ;\quad \frac{3\times 12}{4}=\frac{36}{4}=9\ ;\quad \frac{9}{3}=\frac{12}{4}$$

Podemos determinar si un par de razones forman una proporción mediante la propiedad de productos cruzados.

Ejemplo:

$$\frac{1}{4},\frac{3}{12}$$

Multiplicamos los extremos 1 x 12 = 12, multiplicamos los medios 4 x 3 = 12
Como los productos cruzados son iguales entonces forman una proporción.

$$\frac{1}{4}=\frac{3}{12}$$

Otro ejemplo:

$$\frac{3}{7},\frac{4}{9}$$

Multiplicamos los medios: 3 x 9 = 27, multiplicamos los medios 7 x 4 = 28
Como los productos cruzados son diferentes, estas razones <u>no</u> forman una proporción.

Resumen:

1) Podemos determinar si una proporción es cierta o falsa si multiplicamos los productos cruzados (medios y extremos).
Si los productos cruzados son iguales, la proporción es cierta.

$$\frac{2}{3}=\frac{6}{9}\ \text{cierta}$$

2 x 9 = 3 x 6

18 = 18

Si los productos cruzados <u>no</u> son iguales, la proporción es falsa.

$$\frac{1}{5} \neq \frac{4}{8}$$

$$1 \times 8 \neq 5 \times 4$$

$$8 \neq 20$$

$8 \neq 20$ no representa una proporción

2) Cuando a una proporción le falta un término, podemos sustituirlo por una variable (letra). Se convierte en un tipo de ecuación, la cual podemos resolver hallando el valor de la variable y establecemos la proporción.

$$\frac{?}{8} = \frac{6}{4} = \frac{x}{8} = \frac{6}{4} \quad \text{ecuación}$$

$$(4)(x) = (8)(6)$$

$$4x = 48$$

$$\frac{4x}{4} = \frac{48}{4}$$

$$x = 12$$

Podemos verificar aplicando los productos cruzados:

$$\frac{12}{8} = \frac{6}{4}$$

$$12 \times 4 = 8 \times 6$$

$$48 = 48 \quad \text{es verdadera la proporción}$$

3) Cuando uno de los términos de la proporción, es una fracción:

$$\frac{2\frac{1}{5}}{8} = \frac{x}{6}$$

$$8x = 2\frac{1}{5}(6) \quad \text{productos cruzados}$$

$$8x = \frac{11}{5}(6) \quad \text{expresar fracción mixta a impropia}$$

$$8x = \frac{66}{5} \quad \text{multiplicar}$$

$$\frac{8x}{8} = \frac{66}{5} \div 8 \quad \text{dividir entre 8 ambos lados}$$

$$\frac{8x}{8}=\frac{66}{5}\times\frac{1}{8}$$ multiplicar por el recíproco

$$x=\frac{66}{40}$$ se resuelve y se simplifica

$$x=\frac{33}{20}$$ se simplifica

$$x=1.65$$ se expresa el resultado en decimal

También podemos resolverla convirtiendo la fracción a decimal.

$$2\frac{1}{5}\div 8=\frac{x}{6} \qquad 2\frac{1}{5}=2.2$$

$$\frac{2.2}{8}=\frac{x}{6}$$

$$8x=2.2(6)$$

$$\frac{8x}{8}=\frac{13.2}{8}$$

$$X=1.65$$

Las proporciones nos ayudan a resolver problemas de aplicación. Es importante establecer correctamente la proporción mediante las razones.

Ejemplos:

1. Si con 7 dólares puedo comprar 21 dulces, ¿cuántos dulces puedo comprar con 20 dólares?

$$\frac{dólares}{dulces}=\frac{dólares}{dulces}$$

$$\frac{7}{21}=\frac{20}{x}\frac{dólares}{dulces}$$

$$7x=20(21)$$

$$7x=420$$

$$\frac{7x}{7}=\frac{420}{7}$$

$$x=60$$ dulces

Ejercicio 6.1

Escribe cada enunciado como una razón. Simplifica cuando sea necesario.

1) 25 hombres a 30 mujeres

2) 9 adultos por cada 6 niños

3) 16 pulgadas de largo a 10 pulgadas de ancho

4) 11 a 22

5) 3 a 12

6) 30 hits de 75 turnos al bate

7) 3 a 8

8) 9 a 7

9) 8 juegos ganados a 3 juegos perdidas

10) 10 a 50

Ejercicio 6.2

Determina si cada proporción es verdadera o falsa.

1) $\frac{2}{5}=\frac{8}{20}$

2) $\frac{4}{18}=\frac{5}{27}$

3) $\frac{9}{21}=\frac{2}{5}$

4) $\frac{7}{14}=\frac{2}{4}$

5) $\frac{9}{10}=\frac{3}{4}$

6) $\frac{2}{3}=\frac{6}{9}$

7) $\frac{5}{100}=\frac{1}{20}$

8) $\frac{32}{18}=\frac{3}{2}$

9) $\frac{13}{20}=\frac{3}{4}$

10) $\frac{18}{30}=\frac{3}{5}$

Ejercicio 6.3

Halla el valor de x en cada caso.

1) $\frac{5}{10}=\frac{3}{x}$

2) $\frac{2}{x}=\frac{7}{14}$

3) $\frac{x}{200}=\frac{300}{600}$

4) $\frac{x}{12}=\frac{5}{3}$

5) $\frac{9}{18}=\frac{x}{12}$

6) $\frac{11}{x}=\frac{2}{8}$

7) $\frac{x}{64}=\frac{3}{16}$

8) $\frac{x}{4}=\frac{15}{30}$

9) $\frac{9}{25}=\frac{x}{100}$

10) $\frac{7}{x}=\frac{13}{26}$

Ejercicio 6.4

Resuelve los ejercicios de aplicación de razones y proporciones.

1) Si un ciclista recorre una distancia de 54 kms en 6 horas, ¿cuál es la razón simplificada entre los kilómetros y las horas?

2) Glorialis y Fabiola tienen una colección de pulseras. Si la razón entre la cantidad de pulseras que tiene cada una es de 2 a 8 y entre ambas suman en total 100 ¿cuántas pulseras tiene cada una?

3) Si 18 estudiantes necesitan $ 8,000 para viajar y participar en una competencia en Ponce, ¿cuánto dinero necesitan 40 estudiantes?

4) Las contribuciones pagadas por un propiedad de $250,000 fueron $1,080 anuales, ¿cuál será el valor de una propiedad que paga $2,000 anuales de contribuciones?

5) Un galón de gasolina cuesta $2.20, un auto recorre 8 millas por galón, ¿cuántos millas recorrerá el auto con $90.00?

6.3 Porciento

Para describir partes de un todo o de una unidad, utilizamos fracciones, decimales y porciento. Porciento significa parte de 100 o podemos considerarlo como una razón cuyo denominador es 100. El símbolo para denotar porcientos es %.
Los porcientos se utilizan mayormente en economía, estadísticas y otras áreas. La relación entre fracción, decimal y porciento es la misma, describen parte de un todo.

Podemos expresar que:

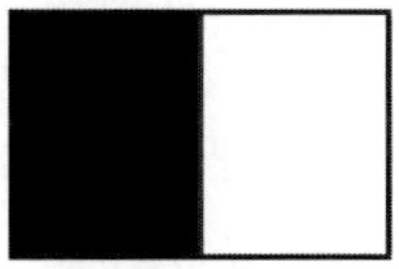

$\frac{1}{2}$ la mitad esta sombreada

0.50 centésimas

50% porciento

Ejemplos de porcientos:

1. El 25% de los jugadores reciben medallas en las competencias, significa que 25 jugadores de cada 100 reciben medallas.
2. El 18% de las frutas que consumimos son de Puerto Rico, significa que 18 de cada 100 de las frutas que consumimos son de Puerto Rico.

Conversiones:

Porciento a decimal

Un porciento puede expresarse en forma decimal, si lo escribimos en forma de fracción con denominador 100 y luego lo dividimos.

$$90\% = \frac{90}{100} = 0.90$$

$$5\% = \frac{5}{100} = 0.05$$

$$225\% = \frac{225}{100} = 2.25$$

Una forma corta de cambiar un porciento a decimal es mover el punto decimal dos lugares hacia la izquierda y eliminamos el símbolo de %.

35 % = 35 = 0.35

6% = 06 = 0.06 añadir ceros de ser necesario

$$40\frac{1}{2}\% = 40.5\% = 0.405 \ (\frac{1}{2} = 0.5)$$

De Decimal a Porciento

Para expresar un decimal como un porciento, multiplicamos por 100 y añadimos el símbolo de %.

0.65 = 0.65 x 100 = 65%

0.003 = 0.003 x 100 = 0.3%

7.8 = 7.8 x 100 = 780%

En forma corta, equivale mover el punto decimal dos lugares a la derecha y colocar el símbolo de porciento (%).

0.6 = 60% añadir cero de ser necesario

0.43 = 43% mover el punto dos lugares a la derecha

5.28 = 528%

6.4 Aplicaciones de porciento

Existen muchos usos para resolver problemas utilizando porcientos. Los más comunes son:

1. Hallar un porciento de un número.
2. Hallar qué porciento es un número de otro.
3. Hallar un número cuando se conoce un porciento de éste.

Fórmula de porcentaje

Podemos utilizar la fórmula que relaciona éstos conceptos.

-*Porcentaje* – es la parte que se compara con el todo (base) no debemos confundirlo con porciento.
-*Base* - representa el todo (unidad)
-*Tasa* - es el porciento % (rate)

Fórmulas usadas en el tema de porcentaje:

P = B R ⟶ para hallar porcentaje
B = P ÷ R ⟶ para hallar la base
R = P ÷ B ⟶ para hallar el porciento % (rate)

Ejemplos:

Porcentaje (P = BR)

Pasos:

1) Expresar el porciento en forma decimal.
2) Multiplicar el decimal por el número.
3) Hallar el Porcentaje (solución).

Ejemplo:

¿Cuánto es el 15% de 130?
15% = 0.15
130 x 0.15 = 19.5

19.5 es el 15% de 130

Ejemplo:

¿Cuánto es el 20% de 80?
20% = 0.20
80 x 0.20 = 16

16 es el 20% de 80

Base (B = P ÷ R)

Para hallar un número cuando se conoce un porciento de éste.

Pasos:

1) Convertir el porciento a decimal.
2) Dividir el número por ese decimal (porciento).
3) Hallar la Base (solución).

Ejemplo:

1) El 12% de un número es 42, ¿cuál es el número?
   12% = 0.12
   42 ÷ 0.12 = 350
   El 12 % de 350 es 42

2) El 70% de un número es 35, ¿cuál es el número?
   70% = 0.70
   35 ÷ 0.70 = 50
   El 70 % de 50 es 35

Rate (P ÷ B) (R= rate/ porciento)

Para hallar qué porciento es un número de otro.

Pasos:

1) Escribir los números en forma de fracción.
2) Dividir numerador con el denominador y el resultado será un decimal.
3) Convertir el decimal a porciento.
4) Hallar el porciento (solución).

Ejemplo:

¿Qué porciento es 24 de 80?

$$\frac{24}{80} = 24 \div 80 = 0.3 = 30\%$$

24 es el 30% de 80

Ejemplo:

$$\frac{4}{32} = 4 \div 32 = 0.125 = 12.5\%$$

4 es el 12.5% de 32

Ejercicio 6.5

Completar la siguiente tabla:

Porciento	Fracción	Decimal
15%		
	$\frac{3}{4}$	
		0.8
	$\frac{1}{25}$	
		0.12
60%		
	$\frac{4}{5}$	
		0.40
120%		
		1.25

Ejercicio 6.6

Exprese cada decimal como un porciento.

1) 0.9

2) 0.14

3) 0.005

4) 2.6

5) 0.65

6) 3.81

7) 0.743

8) 10.5

9) 0.128

10) 0.3

Ejercicio 6.7

Exprese cada porciento como un decimal.

1) 42%

6) 37%

2) 81%

7) 2%

3) 7%

8) 130%

4) 12.4%

9) 5.63%

5) $3\frac{1}{2}\%$

10) 0.9%

Ejercicio 6.8

Resuelve los siguientes ejercicios de Porcentaje.

1) 36% de 200

2) 48% de 500

3) 80% de 250

4) 30% de 1,000

5) 12% de 40

6) 62% de 800

7) 75% de 50

8) 125% de 90

9) 3.5% de 75

10) $4\frac{1}{2}\%$ de 600

11) 5 % de 425

12) 19% de 60

13) 30% de 4,000

14) 3% de 11.5

15) 70% de 300

Ejercicio 6.9

Resuelve los siguientes ejercicios para hallar la Base.

1) ¿90 es 30% de qué número? ________________

2) 18 es 4% de ____________________

3) 35 es 28% de ___________________

4) 240 es 15% de __________________

5) ¿19.2 es 33 % de qué número? ________________

6) 32.8 es 20% de _________________

7) 55 es 42% de ___________________

8) 8% de ____________________es 105

9) 94 es 15% de ____________________

10) 210 es 70% de ____________________

11) 7.3 es 11% de ____________________

12) 1,200 es 20% de ____________________

13) 1,528 es 45% de ____________________

14) 1% de ____________________ es 63

15) 10 es 300% de ____________________

Ejercicio 6.10

Resuelve los siguientes ejercicios para hallar el porciento (rate).

1) 18 es el ___________% de 45

2) 40 es el ___________% de 500

3) ¿Qué % es 20 de 140?

4) ¿Qué % es 130 de 200?

5) ¿Qué % es 25 de 135?

6) 40 es el ___________% de 500

7) ¿Qué % es 13.2 de 38?

8) ¿Qué % es 24 de 220?

9) ¿Qué % es 8 de 150?

10) ¿Qué % es 57 de 400?

11) ¿Qué % es 70 de 100?

12) 123 es el ___________% de 325

13) ¿Qué % es 82 de 300?

14) ¿Qué % es 90 de 155?

15) ¿Qué % es 48.4 de 620?

16) 150 es el ___________% de 700

Capítulo 7
Álgebra

"La esencia de las matemáticas no es hacer las cosas simples complicadas, sino hacer las cosas complicadas simples"
S. Gudder

7.1 Introducción

El álgebra es la rama de las matemáticas que tiene por objeto de estudio la generalización del cálculo aritmético mediante expresiones compuestas de constantes (números) y variables (letras). El álgebra es la conexión que nos permite resolver una situación del diario vivir llevándola a forma matemática, para su solución.

El álgebra sirve para llevar a cabo operaciones aritméticas (suma, resta, multiplicación, división) pero, a diferencia de la aritmética, se vale de símbolos (a, b, c, x, y, z, etc.) en lugar de utilizar números. Ésto permite formular leyes generales y hacer referencia a números desconocidos o incógnitas.

7.2 Propiedades

Álgebra tiene sus propiedades para la suma y la multiplicación:

- Conmutativa de la suma: $a + b = b + a$
  Cuando se suman dos números, el resultado es el mismo independientemente del orden de los sumandos. Por ejemplo $4 + 2 = 2 + 4$

- Asociativa de la suma: $(a + b) + c = a + (b + c) = a + b + c$
  Cuando se suman tres o más números, el resultado es el mismo independientemente del orden en que se suman los sumandos. Por ejemplo $(2 + 3) + 4= 2 + (3 + 4)$

- Elemento identidad de la suma: $a + 0 = a$
  La suma de cualquier número más cero es ese mismo número. Ejemplo: $7 + 0 = 7$

• Conmutativa de la multiplicación: a x b = b x a
Cuando se multiplican dos números, el producto es el mismo sin importar el orden de los factores, ya que no altera el producto. Ejemplo: 5 x 4 = 4 x 5

• Asociativa de la multiplicación: (a x b) x c = a x (b x c) = a x b x c
No importa cómo agrupes los elementos de un conjunto cuando lo multiplicas, el producto siempre será el mismo. Ejemplo: (6 x 4) x 2 = 6 x (4 x 2) =6 x 4 x 2

• Elemento identidad de la multiplicación: 1 x a = a
El producto de cualquier número multiplicado por 1 es ese mismo número. Ejemplo: 9 x 1 = 9

• Distributiva de la suma y de la multiplicación: a x (b + c) = a x b + a x c
La propiedad distributiva nos afirma que la multiplicación de un número por una suma es igual a la suma de las multiplicaciones de dicho número por cada uno de los sumandos.
Ejemplo: 2 x (3 + 5) = 2 x 3 + 2 x 5 = 16

7.3 Conceptos básicos

A continuación se dan algunos conceptos que nos permitirán adquirir el lenguaje para poder realizar algunas operaciones a lo largo del capítulo.

Variable es un símbolo para un número que aún no sabemos. Es una letra como x o y.
Ejemplo: 3y; la y es la variable.

Constante es un número o una cantidad que tiene un valor fijo. Ejemplo: 5xy; el 5 es la constante.

Una expresión algebraica es la combinación de números, letras(variables) y signos con las operaciones de suma, resta, multiplicación, división, potencias y radicales.

Ejemplo: $3x^2 + 6xy + 3y^2$

Un término es una combinación de números y símbolos (que representan números) unidos por las operaciones elementales como la sumas, restas, multiplicaciones o divisiones.
Ejemplo: $9x^5$, $-8x^2/y$, son términos de una expresión algebraica.

Exponente es un número que muestra cuántas veces el número se va a utilizar en la multiplicación. Se escribe como un número pequeño arriba y a la derecha del número base. Se conoce también como índice o potencia.
Ejemplo: 8^3, el 3 es el exponente y el 8 es la base. 8^3 es igual a 8 x 8 x 8 = 512

Términos semejantes son aquellos términos que se diferencian de su coeficiente numérico. Tienen la misma variable con el mismo exponente. En este caso los términos se pueden reducir a un solo término.
Ejemplo: -8x, 12x, ¾ x, son términos semejantes.

Polinomio es una expresión hecha con constantes, variables y exponentes, usando sumas, restas, multiplicaciones, pero no divisiones. Los exponentes solo pueden ser 0,1,2,3,...etc. Los polinomios se ordenan usando los exponentes en forma descendente o ascendente.
Ejemplo: 5x +3y - 8z + 12, es un polinomio.
Ejemplo: $9xy^{-2}$ no es un polinomio ya que tien un exponente negativo,
$\frac{x-3}{4}$ no es un polinomio ya que es una división.

Monomio es un polinomio con un solo término.
Ejemplo: $15x^3$

Binomio es un polinomio con dos términos.
Ejemplo: $11x^3 - 2x^2$

Trinomio es un polinomio con tres términos.
Ejemplo: $33x^4 + 13x^3 - 7x$

El grado de un término es la suma de los exponentes de las variables. El grado de una constante es cero. Por lo tanto, el grado de un polinomio está determinado por el término de mayor grado.

Ejemplo: 6x, es de de grado 1; -12xy, es de grado 2; $5x^2$ y, es de grado 3; 40 es de grado cero (0).

7.4 Evaluación expresiones algebraicas

Cuando queremos evaluar una expresión en álgebra buscamos su valor, considerando que las variables envueltas representan números y que vamos a efectuar las operaciones del ejercicio sustituyendo las variables por números.

Ejemplo: Evaluar 5xy + 3, si x=2, y=4

$5xy + 3 = 5(2)(4) + 3 = 40 + 3 = 43$

Ejemplo: $2y^2 + 5z^3$, si y = -3, z = 2

$2y^2 + 5z^3 = 2(-3)^2 + 5(2)^3 = 2(9) + 5(8) = 18 + 40 = 58$

Ejemplo: $\frac{5x-6y}{3z}$, si x=5, y=-6, z=2

$$\frac{5x-6y}{3z}=\frac{5(5)-6(-6)}{3(2)}=\frac{25+36}{6}=\frac{61}{6}$$

Ejercicio 7.1

Determine el número de términos en cada ejercicio.

1) $12x + 3y - 8$

2) $5x^4 + 9x^3 - 16x^2 + 22y - 15$

3) $3(5x + 6y - 1)$

4) $10x - 6x(x^3 - 7)$

5) $(5a + 3b)^5 + (b - d)^4$

6) $22 + \frac{9x - 3y}{6}$

7) $x + y - z + (x - y)^3$

8) $\sqrt{x} + 2$

9) $a + b + c(d+1)$

10) $\frac{3x - 6}{2}$

Ejercicio 7.2

Determine el grado del polinomio en cada ejercicio.

1) $12x^4 + 3x^3 - 6x^2 + 35$

2) $12x^4y + 3x^3yz^2 + 9$

3) $y^7 + 3$

4) $22 - p^8$

5) $a^4 + b^3c$

6) 88

7) x

8) $a^4b^7 - 13$

9) $m^9 + 100$

10) abc

Ejercicio 7.3

Evaluar las siguientes expresiones algebraicas.

1) $5x + 2y$, si $x=7$, $y=4$

2) $-a + b - c$, si $a=12$, $b=5$, $c=8$

3) $3x(x - 8)$, si $x=-3$

4) $0.2x + 1.3y$, si $x=5$, $y=-2$

5) $\frac{5a+6b}{3c}$, si $a=3$, $b=4$, $c=13$

6) $\frac{3}{5}a-\frac{3}{4}b$, si $a=25$, $b=12$

7) $-12a - 4b - 8c$, si $a=-2$, $b=-3$, $c=-1$

8) $4x^3 + 5y^2 + 16$, si $x=2$, $y=3$

9) $\frac{11}{16}z$, si $z=48$

10) $1.1c+2.3d$, si $c=12$, $d=-1$

Capítulo 8
Polinomios

"Las matemáticas son la puerta y la llave a la ciencia"
Roger Bacon.

8.1 Introducción

Para trabajar con polinomios, tenemos que hacer referencia a los conceptos aprendidos en el capítulo anterior como: monomio, binomio, trinomio, términos semejantes, etc. Comenzaremos a trabajar las operaciones de suma, resta, multiplicación y división de polinomios.

8.2 Suma Polinomios

Para sumar polinomios simplemente se unen o combinan términos semejantes. Como mencionamos anteriormente, los términos semejantes son los que tienen las mismas variables con los mismos exponentes.

Para sumar polinomios entonces, se unen los términos semejantes y luego se suman.

Ejemplo: Sumar $(3x^2 + 6x + 8)$ y $(4x^2 - 2x - 1)$

$$(3x^2 + 4x^2) \quad + \quad (6x - 2x) \quad + \quad (8 - 1)$$

$$\mathbf{7x^2 + 4x + 7}$$

Ejemplo: Sumar $(2x^2 + 6y + 3xy)$, $(3x^2 - 5xy - x)$ y $(6xy + 5)$

$$(2x^2 + 3x^2) + (3xy - 5xy + 6xy) + (-x) + (6y) + (5)$$

$$\mathbf{5x^2 + 4xy - x + 6y + 5}$$

Ejercicio 8.1

Realice las sumas de polinomios a continuación y simplifica el resultado.

1) $(14x^2y^3z) + (-11x^2y^3z)$

2) $(2x^{3)}+ (5x^3)$

3) $(9x^4 - 21x^2 + 17x) + (-16x^2 + 30x)$

4) $(2a^2b^2c^3 - 5a^2bc^3 + 3abc) + (- a^2bc^3)$

5) $(12x^4 - 16x^3 + 15x^2 - 9x + 3) + (7x^2 - 19x - 6)$

6) $(2x^3 - 14x^2 + 5x - 12) + (13x^2 - 5x + 16)$

7) $(18x^3 - 22x + 5) + (21x^3 + 2x^2 - 8)$

8) $(14x^2 - 4) + (x^2 - 6x + 53)$

9) $(5a - 13b + c) + (9a - 5b - c)$

10) $(x^2 + 3xy + 5y^2) + (2x^2 + xy - 4y^2)$

11) $(5x^4 - 9x^3 + 11x^2 - 8x + 10) + (-6x^4 - 9x^3 + 16x^2 + x - 10)$

12) $(2/3a - 3/5b + 8) + (9a - 7/5b)$

13) $(3.5x^3 - 2x^2 + 1.1x - 19) + (0.4x^2 - 5.3x - 16)$

14) $(14x^4 - 19x^3 + 11x^2 - 8x) + (17x^4 + 10x^3 + 16x^2 + 4x) + (6x^4 - x^3 + 18x)$

15) $(23a^2b^2 - 5/7a^2bc^3 + 3abc) + (-6a^2b^2 + 32abc) + (-2/7\, a^2bc^3)$

8.3 Resta Polinomios

Para restar polinomios al igual que en la suma, se unen o combinan términos semejantes.

Pero, debemos recordar que para restar polinomios, primero invierte el signo de cada término que vas a restar (en otras palabras cambia "+" por "-", y "-" por "+"), después suma normalmente. Es decir, se le cambia el signo del sustranendo y se procede a sumar.

Ejemplo: Restar $(22x^2 + 17x - 8) – (17x^2 - 5x + 5)$

$(22x^2 + 17x - 8) + (-17x^2 + 5x - 5)$

$(22x^2 -17x^2) + (17x + 5x) + (-8 -5)$

$\mathbf{5x^2 + 22x - 13}$

Ejemplo: Restar $(6x^3 - 12x^2 + 14x - 3) – (9x^3 + 11x^2 + 7x + 9)$

$(6x^3 - 12x^2 + 14x - 3) + (-9x^3 - 11x^2 - 7x - 9)$

$(6x^3 - 9x^3) + (- 12x^2 - 11x^2) + (14x – 7x) + (-3 – 9)$

$\mathbf{-3x^3 - 23x^2 + 7x -12}$

Ejemplo: Restar $(30x^3 + 21x^2 + 20)$ de $(17x^3 + 15x^2 + 13x)$

$(17x^3 + 15x^2 + 13x) - (30x^3 + 21x^2 + 20)$

$(17x^3 + 15x^2 + 13x) + (-30x^3 - 21x^2 - 20)$

$(17x^3 - 30x^3) + (15x^2 - 21x^2) + (13x) + (-20)$

$\mathbf{- 13x^3 - 6x^2 + 13x - 20}$

Ejercicio 8.2

Realice las restas de polinomios a continuación y simplifica el resultado.

1) $(17x^2y^3) - (21x^2y^3)$

2) $(9x^3) + (8x^3) - (7x^3)$

3) $(-2mn) - (31m)$

4) $(11x^4 - 21x^3 + 5x) - (-19x^2 + 22x)$

5) $(2a^2b^2c^3 - 5a^2bc^3 + 10abc) - (-8a^2b^2c^3 + 12abc)$

6) $(26x^4 - 11x^3 + 15x^2) - (7x^2 - 14)$

7) $(2x^2 + 19x - 31) - (18x^2 - 11x + 23)$

8) $(51x^3 - 10x^2 - 14x - 14) - (22x^3 + 19x^2 + 7x + 17)$

9) Restar $(40x^3 - x^2 + 22)$ de $(19x^3 + 11x^2 + 13x - 7)$

10) De $(26y^3 + 6y^2 + 2)$ restar $(-45y^2 + 19)$

11) $(2a^2bc + 9a + 11) - (-8a^2bc - 11b + 33)$

12) Restar $(90x^3 - x^2 + 22x)$ de $(13x^3 - 21x^2 - 15x + 6)$

13) $(9y^2 + 19y) - (16y^2 - 11y - 3)$

14) De $(6y^3 - 6y^2 - 2)$ restar $(-4y)$

15) $(2x^2 - 29x - 41) + (8x^2 - x + 3) - (11x^2 - 11x + 44)$

8.4 Leyes Exponentes

Antes de ver las próximas operaciones con polinomios de multiplicación y división, debemos saber manejar las reglas o leyes de exponentes el cual se aplican en estas dos operaciones.

Antes que nada, vamos a recordar que el exponente de un número dice cuántas veces se multiplica el número y es una forma corta de expresar un número. Si tenemos 3^2, al 3 se le conoce como la base y al 2 como el exponente (potencia).

Ejemplo: $4^2 = 4 \times 4 = 16$

En palabras: 4^2 se puede leer "4 a la segunda potencia", "4 a la potencia 2" o simplemente "4 al cuadrado".

Ejemplo: $3^3 = 3 \text{ x } 3 \text{ x } 3 = 27$

En palabras: 3^3 se puede leer "3 a la tercera potencia", "3 a la potencia 3" o simplemente "3 al cubo".

Comencemos con las reglas básicas de exponentes:

Regla	Ejemplo	Explicación
$x^1 = x$	$9^1 = 9$	Cualquier número elevado al exponente uno, es igual al mismo número.
$x^0 = 1$	$7^0 = 1$	Cualquier número diferente de cero, elevado al exponente cero es igual a uno, para toda base x, $x \neq 0$.

$x^{-1} = \frac{1}{x}$	$5^{-1} = \frac{1}{5}$	Eliminamos los exponentes negativos de una expresión, buscando su recíproco.
$x^m x^n = x^{m+n}$	$x^3 x^2 = x^{3+2} = x^5$	En multiplicación los exponentes se suman.
$x^m \div x^n = x^{m-n}$	$x^9 \div x^7 = x^{9-7} = x^2$	En división los exponentes se restan.
$(x^m)^n = x^{mn}$	$(x^5)^3 = x^{(5)(3)} = x^{15}$	Para hallar la potencia de una potencia, multiplicamos los exponenetes.
$(xy)^n = x^n y^n$	$(xy)^3 = x^3 y^3$	Producto elevado a una potencia.
$(x/y)^n = x^n/y^n$	$(x/y)^3 = x^3/y^3$	Cociente elevado a una potencia.

Ejercicio 8.3

Simplifica los siguientes ejercicios aplicando las leyes de exponentes.

1) $(x^4)(\ x^3)(x)$

2) (a^4) (a^6) (a)

3) $5(xyz)^0$

4) $(3x^2)$ $(-5x^3)$

5) $(5xyz)^0$

6) $(m/n)^6$

7) $(3x^2)(-5xy^4)(-2y)$

8) $(3x)^o$

9) $3x^o$

10) $\frac{22x^3}{2x}$

11) $(ab^4c^3)^2$

12) $(3^2)^3$

13) 9^1

14) $(xy)^5$

15) x^{-2}

16) $2^3 + 2^2 + 2^o + 2^{-2}$

17) $(4^{-2})^2$

18) $\frac{(y^2)^3}{(y^3)^2}$

19) $(3x + 5)^o$

20) $(\frac{a}{b})^6$

8.5 Multiplicación Polinomios

Para multiplicar polinomios, tenemos que aplicar la regla de exponente que dice que en multiplicación los exponentes se suman. Podemos multiplicar monomio con otro monomio, monomios con polinomios, polinomios con polinomios, etc.

Si multiplicamos un **monomio con otro monomio**, multiplicamos sus coeficientes para hallar el coeficiente del producto y aplicamos la regla con las variables de los monomios, que en multiplicación los exponentes se suman.

Ejemplo: $(8x^3y^4z^2)(-3\ x^5y^4z^6)=$ $\mathbf{-24\ x^8y^8z^8}$

Ejemplo: $(12a^7b^{10})(1/2\ b^3) =$ $\mathbf{6\ a^7b^{13}}$

Ejemplo: $(12x^5y^3z^2)(-4\ x^6y^8z^3)(-5y^3) =$ $\mathbf{240\ x^{11}y^{14}z^5}$

Si multiplicamos un **monomio con otro polinomio**, multiplicamos el monomio por cada término del polinomio, es decir aplicamos la propiedad distributiva.

Ejemplo: $(-3x + 5)(-12y^2)=$ $\mathbf{36xy^2 - 60y^2}$

Ejemplo: $a(b + c) =$ $\mathbf{ab + ac}$

Ejemplo: $(-5x)(4x + 6y -2z)=$ $\mathbf{-20x^2- 30xy + 10xz}$

Si multiplicamos un **polinomio con otro polinomio** hay que aplicar cuando sea necesario la propiedad distributiva. El resultado de esta multiplicación va a ser multiplicando cada término del primer polinomio por los términos del segundo polinomio.

Ejemplo: $(3x + 2)\ (4x - 3) = (3x)(4x)=12x^2$

$(3x)(-3)= -9x$

$(2)(4x)= 8x$

$(2)(-3)= -6$

Por lo tanto, $(3x + 2)\ (4x - 3) =$ $\mathbf{12x^2 -9x + 8x - 6}$

Ejemplo: $(2x + 4)(3x^2 + 6x - 5) = (2x)(3x^2) = 6x^3$

$(2x)(6x) = 12x^2$

$(2x)(-5) = -10x$

$(4)(3x^2) = 12x^2$

$(4)(6x) = 24x$

$(4)(-5) = -20$

Por lo tanto, $(2x + 4)(3x^2 + 6x - 5) = 6x^3 + 12x^2 - 10x + 12x^2 + 24x - 20$

$= \mathbf{6x^3 + 24x^2 + 14x - 20}$

Ejercicio 8.4

Realice las multiplicaciones de polinomios a continuación y simplifica el resultado.

1) $(2x^3)\ (6x^3)$

2) $(12x^3)\ (3x)$

3) $6(2x^2y^3z)$

4) $(-2x^3)\ (-8x)\ (-2x^2)$

5) $(11a^3b^2c^4)\ (6a^3bc^2)\ (-7abc)$

6) $(3x^3)(5x^2 + 6x - 7)$

7) $-5(4x - 8)$

8) $(2x^2 + 10x)(12)$

9) $(2x - 3)(4x + 4)$

10) $(4x^2 + 5)(6x^2 + 6)$

11) $(8x - 7)(6x - 3)$

12) $(9x + 5)(9x - 5)$

13) $(2x + 1)(5x^2 + 6x - 4)$

14) $(2x^3 - 1)(5x^2 + 2x - 2)$

15) $(4x^2 + 3x + 9)((3x^2 - 3x - 10)$

8.6 División Polinomios

Para dividir polinomios, tenemos que aplicar la regla de exponente que dice que en división los exponentes se restan. Podemos dividir monomios, dividir un polinomio por un monomio y dividir un polinomio por un binomio.

Si dividimos un **monomio entre otro monomio**, dividimos los coeficientes para hallar el coeficiente del cociente. Luego, debes estar pendiente que las variables del dividendo y divisor deben aparecer en el resultado de la división o del cociente, aplicando la regla que ya mencionamos, en división, los exponentes se restan.

Ejemplo: $$\frac{45a^3b^3}{15a^2b}=3ab^2$$

Ejemplo: $$\frac{-60x^7y^8}{-6x^2y^3}=10x^5y^5$$

Ejemplo: $$\frac{30m^4n^8}{-2m^3}=-15mn^8$$

Si dividimos un **polinomio por un monomio**, dividimos cada término del polinomio por el monomio para obtener el cociente.

Ejemplo: $$\frac{x^4+5xy^8}{x}=x^3+5y^8$$

Ejemplo: $$\frac{25x^9+20x^8-15x^7}{5x^3}=5x^6+4x^5-3x^4$$

Ejemplo: $$\frac{x^9+x^8-x^3}{-x^3}=-x^6-x^5+1$$

Si dividimos un **polinomio por un binomio**, usamos la división larga semejante a la que se usa para dividir números enteros.

Ejemplo: Dividir $2x^2 + x - 3$ por el binomio $x - 1$

Utilizamos el símbolo de la división larga

$$x-1\overline{)2x^3+x-3}$$

Paso #1: Para empezar vamos a dividir el primer término del dividendo ($2x^2$) por el primer término del divisor (x): $2x^2/x = 2x$

Poner el resultado 2x sobre el símbolo de la división larga:

$$\begin{array}{r} 2x \\ x-1\overline{)2x^2+x-3} \end{array}$$

Paso #2: Multiplicar 2x por el divisor x - 1:

$$\begin{array}{r} 2x \\ x-1\overline{)2x^2+x-3} \\ 2x^2-2x\quad \end{array}$$

Paso #3: Restar $2x^2 - 2x$ de los dos términos primeros del dividendo:

$$\begin{array}{r} 2x \\ x-1\overline{)2x^2+x-3} \\ \underline{-2x^2+2x}\quad \\ 3x\quad \end{array}$$

Paso #4: Bajar el último término del dividendo

$$\begin{array}{r} 2x \\ x-1\overline{)2x^2+x-3} \\ \underline{-2x^2+2x\qquad} \\ 3x-3 \end{array}$$

Paso #5: Dividir el primer término de (3x - 3) por el primer término del divisor (x):

$3x/x=3$

Poner el resultado 3 sobre el símbolo de la división larga:

$$\begin{array}{r} 2x+3 \\ x-1\overline{)2x^2+x-3} \\ \underline{-2x^2+2x} \\ 3x-3 \end{array}$$

Paso #6: Multiplicar 3 por el divisor (x - 1):

$$3(x - 1) = 3x - 3$$

Paso #7: Restar (3x - 3) de (3x - 3):

$$\begin{array}{r} 2x+3 \\ x-1\overline{)2x^2+x-3} \\ \underline{-2x^2+2x} \\ 3x-3 \\ \underline{-3x+3} \\ 0 \end{array}$$

El resultado de la división del polinomio por el binomio:

$$(2x^2 + x - 3)/(x - 1) = \mathbf{2x + 3}$$

En este ejercicio el residuo es de cero (0), pero no siempre va a ser así, puede ser un número positivo o negativo.

Ejercicio 8.5

Realice las divisiones de polinomios a continuación y simplifica el resultado.

1) $(12x^3) \div (2x)$

2) $(18x^6y^2z^5) \div (3x^3yz^2)$

3) $(36x^3y^6z^4) \div (9x^2y^2)$

4) $(12a^3b^7c^4) \div (3a^2b^2c^4)$

5) $\dfrac{50x^4y^6z^3}{-10xyz}$

6) $\dfrac{12y^3+8y^4}{2y^2}$

7) $\dfrac{15x^6+12x^4-10x^3}{-5x^2}$

8) $\dfrac{10x^6-22x^5-10x^4}{0.5x^3}$

9) $\dfrac{a^8+a^7-a^5+a^4}{a^4}$

10) $\dfrac{28x^5+20x^9}{-4x^3}$

11) $\dfrac{x^2-8x+12}{x-2}$

12) $(6x^2+13x+6)\div(2x+3)$

13) $(8x^2+10x+5)\div(2x+1)$

14) $\dfrac{6a^8+30a^6-18a^5}{3a^4}$

15) $\dfrac{x^2+x-20}{x-4}$

Capítulo 9
Ecuaciones

"Con números se puede demostrar cualquier cosa"
Thomas Carlyle

9.1 Introducción

En este capítulo vamos aplicar lo aprendido en los anteriores relacionados con álgebra. El aprender a resolver ecuaciones nos puede ayudar a solucionar problemas del diario vivir. Nos vamos a enfocar en solucionar las ecuaciones de primer grado con una variable, hallar el valor de la variable que haga cierta la igualdad. Es decir, hallar la solución o la raíz de la ecuación.

Cuando resolvemos una ecuación se dice que buscamos la incógnita o desconocida, donde la representamos por una letra o variable. Regularmente se usan las primeras o las últimas tres letras del alfabeto. Las ecuaciones están formadas por dos lados, el cual son divididos por el signo de igualdad (=). Para resolver ecuaciones se aplican las propiedaes de las igualdades: Si sumamos, restamos, multiplicamos o dividimos la misma cantidad a ambos lados de la igualdad, vamos a obtener otra igualdad (excepto en la división que no puede ser cero).

9.2 Solución ecuaciones usando una sola operación

En estos ejemplos a continuación vamos a ver que para resolver estas ecuaciones de primer grado, se require que hagamos una suma, una resta, una multiplicación o una division; es decir, solamente una operación.

Ejemplo:
$$x + 5 = 11$$
$$x + 5 \mathbf{- 5} = 11 \mathbf{- 5}$$
$$\mathbf{x = 6}$$

Ejemplo:

$$x - 8 = 13$$
$$x - 8 \mathbf{+ 8} = 13 \mathbf{+ 8}$$
$$\mathbf{x = 21}$$

Ejemplo:

$$\frac{x}{6} = 12$$
$$(6)\frac{x}{6} = 12(6)$$
$$x = 72$$

Ejemplo:

$$\frac{3x}{5} = 15$$
$$(\frac{5}{3})\frac{3x}{5} = 15(\frac{5}{3})$$
$$x = 25$$

Ejemplo:

$$5y = 20$$
$$\frac{5y}{5} = \frac{20}{5}$$
$$y = 4$$

Ejercicio 9.1

Resuelve las siguientes ecuaciones.

1) $x + 17 = 25$

2) $y + 12.3 = 20.1$

3) $x - 21 = 33$

4) $a - 8.5 = 13$

5) $b - \frac{2}{5} = \frac{4}{7}$

6) $m - \frac{12}{19} = \frac{7}{19}$

7) $\frac{x}{0.5} = 18$

8) $\frac{x}{5} = 60$

9) $17y = 51$

10) $2.5\,y = 16$

11) $7y = -3$

12) $10x = 0.2$

13) $26a = 52$

14) $x + 37 = 37$

15) $n - 29 = 31$

16) $\frac{x}{8} = 24$

17) $\frac{z}{0.3} = 10$

18) $2.1\ r = 105$

19) $2.6c = 20.8$

20) $y + 41 = 78$

21) $16x = 64$

22) $13x = 169$

23) $2 - x = -4$

24) $\frac{2x}{3} = 10$

25) $-x = 68$

9.3 Solución ecuaciones usando más de una operación

En estos ejemplos a continuación vamos a ver que para resolver estas ecuaciones de primer grado, se require que realicemos varias operaciones para hallar el valor de la variable. En las ocasiones que la ecuación contenga paréntesis, el proceso a seguir es primeramente eliminar los paréntesis usando la propiedad distributiva, reducir los términos semejantes cuando sea necesario y luego, aplicar las mismas reglas de la sección anterior.

Ejemplo:

$$3x+7=18$$
$$3x+7-7=18-7$$
$$3x=11$$
$$\frac{3x}{3}=\frac{11}{3}$$
$$x=\frac{11}{3}$$

Ejemplo:

$$3y-5=22$$
$$3y-5+5=22+5$$
$$3y=27$$
$$\frac{3y}{3}=\frac{27}{3}$$
$$y=9$$

Ejemplo:

$$\frac{3x}{4}=12$$
$$(\frac{4}{3})\frac{3x}{4}=12(\frac{4}{3})$$
$$x=16$$

Ejemplo:

$$9x+5=6x+8$$
$$9x+5-5=6x+8-5$$
$$9x=6x+3$$
$$9x-6x=6x-6x+3$$
$$3x=3$$
$$\frac{3x}{3}=\frac{3}{3}$$
$$x=1$$

Ejemplo:

$$13x+7x-10=2x+x+9$$
$$20x-10=3x+9$$
$$20x-3x-10=3x-3x+9$$
$$17x-10+10=9+10$$
$$17x=19$$
$$\frac{17x}{17}=\frac{19}{17}$$
$$x=\frac{19}{17}$$

Ejemplo:

$$2(x+3)+6x=11x+15$$
$$2x+6+6x=11x+15$$
$$8x+6=11x+15$$
$$8x-11x+6=11x-11x+15$$
$$-3x+6-6=15-6$$
$$\frac{-3x}{-3}=\frac{9}{-3}$$
$$x=-3$$

Ejemplo:

$$4(x-3)=2(x-1)-12$$
$$4x-12=2x-2-12$$
$$4x-12=2x-14$$
$$4x-2x-12=2x-2x-14$$
$$2x-12=-14$$
$$2x-12+12=-14+12$$
$$\frac{2x}{2}=\frac{-2}{2}$$
$$x=-1$$

Ejercicio 9.2

Resuelve las siguientes ecuaciones.

1) $5x + 2x + 3x = 20$

2) $4 + 3 + 8x = 15$

3) $x + x + x + x = 8$

4) $2x + 2x + 2x = 12$

5) $-x - x - x - x = 4$

6) $3x + 7 + 2x - 1 = 11$

7) $3x + 7x + 20x = 60$

8) $3x - 4 = 24 - x$

9) $5x + 2 = x + 10$

10) $1 + 3x = 2x + 7$

11) $2 + 7x = 4 - 3x$

12) $x - 18 = 2x - 3$

13) $-5-2x=3-8x-2$

20) $5(x-2)-6(x-1)=3(2x-4)$

14) $3(x-7)=5(x-1)-4$

21) $3(12-x)-4x=2(11-x)+9x$

15) $5(2-x)+3(x+6)=10-4(6+2x)$

22) $x+3=3(2x-4)$

16) $3x+8-5x-5=2(x+6)-7x$

23) $2x-1=3(2x-15)$

17) $10(x-2)=1$

24) $2x+3(2x-1)=x+67$

18) $2(x-5)-10=x-5$

25) $20=2x-(10-4x)$

19) $3(x-6)-10=2(x-5)-4$

9.4 Expresiones verbales

Cuando se van a resolver situaciones usando ecuaciones, es pertinente saber cambiar un enunciado a lenguaje algebraico. Es por eso que antes de ver algunos problemas de aplicación, estudiemos las expresiones verbales.

Enunciado	Lenguaje algebraico
Un número aumentado en cinco	$x + 5$
Un número disminuido en ocho	$x - 8$
El doble de un número	$2x$
El triple de un número	$3x$
El cuádruplo de un número	$4x$
La mitad de un número	$\frac{1}{2}x$ ó $x/2$
El cuadrado de un número	x^2
El cubo de un número	x^3
La sexta parte de un número	$1/6\,x$ ó $x/6$
Dos números enteros consecutivos	$x, x + 1$
El número siguiente al número x	$x + 1$
El número anterior al número x	$x - 1$
Un número par	$2x$
Un número impar	$2x + 1$
La edad de una persona hace veinte años atrás, si x representa la edad.	$x - 20$
El producto de siete y un número	$7x$
El cociente de un número y tres	$x/3$

Ejercicio 9.3

Cambiar los siguientes enunciados a expresiones algebraicas.

1) La suma de x y doce.

2) El producto de nueve y un número.

3) Cinco menos que el doble de un número.

4) El producto de ocho y un número disminuido por once.

5) Un número disminuido en treinta.

6) Dos veces un número más quince.

7) Dos tercios de un número.

8) Cuarenta más que un número.

9) El doble de un número aumentado en ochenta.

10) El triple de la suma de un número y cuatro.

11) Un sexto la suma de x y nueve.

12) El producto de dos y el cubo de x.

13) Doce veces la suma de x y cuatro.

14) El cociente de x y quince.

15) El cuadrado de la suma de x y trece.

9.5 Problemas aplicación

Una vez sabemos cambiar un enunciado a una expresión algebraica, podemos resolver problemas usando el álgebra, específicamente las ecuaciones. Para eso, lo primero que hay que hacer es traducir la información que se nos ofrece a una ecuación, para luego resolver la misma según lo aprendido anteriormente. Al finalizar la solución de la ecuación, se debe comprobar la respuesta.

Ejemplo: Si al triple de un número le sumamos seis, el resultado es quince. Determine el número.

Un número = x
Triple de un número = 3x
Triple de un número le sumamos seis = 3x + 6

La ecuación a resolver es: 3x + 6 = 15

$$3x+6=15$$
$$3x+6-6=15-6$$
$$3x=9$$
$$\frac{3x}{3}=\frac{9}{3}$$
$$x=3$$

Comprobación: Si al triple de tres le sumamos seis, el resultado es quince.

$$3x + 6 = 15$$
$$3(3) + 6 = 15$$
$$9 + 6 = 15$$
$$\mathbf{15 = 15}$$

Ejemplo: Hallar dos números enteros consecutivos cuya suma es cincuenta y siete.

Un número entero = x
Siguiente número consecutivo = x + 1

La ecuación a resolver es: (x) + (x + 1) = 57

$$
\begin{aligned}
(x)+(x+1)&=57\\
2x+1&=57\\
2x+1-1&=57-1\\
2x&=56\\
\frac{2x}{2}&=\frac{56}{2}\\
x&=28
\end{aligned}
$$

La solución final es que el primer número es 28 y el próximo consecutivo es (x + 1) que es 29.

Comprobación**:** Hallar dos números enteros consecutivos cuya suma es cincuenta y siete.

$$
\begin{aligned}
(x) + (x + 1) &= 57\\
(28) + (28 + 1) &= 57\\
28 + 29 &= 57\\
\mathbf{57} &= \mathbf{57}
\end{aligned}
$$

Ejemplo: La suma de dos números pares consecutivos es sesenta y seis.

Un número = x
Número par = 2x
Número par consecutivo = 2x + 2

La ecuación a resolver es: (2x) + (2x + 2) = 66

$$
\begin{aligned}
(2x)+(2x+2)&=66\\
4x+2&=66\\
4x+2-2&=66-2\\
4x&=64\\
\frac{4x}{4}&=\frac{64}{4}\\
x&=16
\end{aligned}
$$

El primer número par es $2x = 2(16) = 32$ y el segundo número par consecutivo es $2x + 2 = 2(16) + 2 = 34$. Por lo tanto la solución es 32 y 34.

Comprobación: $(2x) + (2x + 2) = 66$

$$32 + 34 = 66$$

$$\mathbf{66 = 66}$$

Ejercicio 9.4

Resolver los siguientes problemas de aplicación.

1) Un número menos 2 unidades es igual a 20. Determine el número.

2) El doble de un número es 66. ¿Cuál es el número?

3) La mitad de un número es 52. ¿Cuál es el número?

4) El doble de un número menos 5 es igual a 7. Halle el número.

5) La suma de dos números consecutivos es 55. ¿De qué números se trata?

6) La suma de tres números consecutivos es 216. ¿Cuáles son?

7) Encontrar tres enteros consecutivos tales que su suma sea 72.

8) La suma de cuatro números es igual a 90. El segundo número es el doble que el primero; el tercero es el doble del segundo, y el cuarto es el doble del tercero. Halla el valor de los cuatro números.

9) Encontrar 3 números enteros consecutivos impares tales que su suma sea 69.

10) ¿Cuál es el número que, al aumentar en 20, se triplica?

11) Si al doble de un número se le resta su mitad resulta 54. ¿Cuál es el número?

12) Hallar tres enteros pares consecutivos tal que tres veces el segundo es cuatro más que la suma del primero y tercero.

13) ¿Cuál es el número que al sumar su doble y 15 se obtine 71?

14) Hallar tres números consecutivos cuya suma sea 219.

15) Marta tiene 15 años, que es la tercera parte de la edad de su madre. ¿Qué edad tiene la madre de Marta?

Apéndices

Apéndice A

Símbolos usados en Matamática básica

Símbolo	Significado
$+$	suma
$-$	resta
x	multiplicación
$\div$	división
$=$	es igual
$\neq$	no es igual
$<$	menor que
$>$	mayor que
$\leq$	menor o igual que
$\geq$	mayor o igual que
%	porciento
( )	paréntesis
[ ]	corchetes
{ }	llaves

Apéndice B
Soluciones Ejercicios Impares

Capítulo 1

Ejercicio 1.1

1) decenas, 60
3) centenas, 300
5) unidad de millón, 9,000,000
7) decenas, 90
9) centenas, 300
11) centenas, 700
13) unidad de millar, 7,000
15) decenas, 20

Ejercicio 1.2

1) Cuatro mil, setecientos ochenta y nueve
3) Cuatro millones, seiscientos setenta y ocho mil, uno
5) Doce millones, cuatroscientos cincuenta y seis mil, ochocientos ochenta y ocho
7) 2, 003
9) 45, 060
11) 21

Ejercicio 1.3

1) 2, 5, 7, 10, 11
3) 3, 7, 9
5) 2, 5, 10
7) 2, 7
9) 2, 3, 4, 6, 12
11) 2, 3, 4, 6, 12
13) 2, 3, 4, 6, 9, 11, 12
15) 2, 3, 4, 5, 6, 8. 10, 12
17) 3, 9
19) 2, 4, 8, 11
21) 2, 4, 8
23) 5
25) 2, 4, 11

Ejercicio 1.4

1) C
3) C
5) C
7) C
9) C
11) C
13) P
15) C

Ejercicio 1.5

1) $2^2 \text{ x } 3 \text{ x } 5$
3) 3 x 5 x 7
5) $2 \text{ x } 3^2 \text{ x } 11$
7) $3 \text{ x } 5 \text{ x } 7^2$
9) 2 x 3 x 13

Ejercicio 1.6

1) 12
3) 12

5) 20

7) 1

9) 2

Ejercicio 1.7

1) 324

3) 600

5) 360

7) 560

9) 2,244

Ejercicio 1.8

1) 31, 554

3) 259

5) 13, 104

7) 107, 686

9) 560

Ejercicio 1.9

1) 36, 900

3) 940

5) 12,000

7) 560

9) 3, 500, 000

Ejercicio 1.10

1) 24

3) 84

5) 42

7) 160

9) 25

11) 10

13) 268

15) 557

17) 43

19) 315

Ejercicio 1.11

1) 90 años

3) 79

5) 68 créditos

7) $1,015

9) $878

Capítulo 2

Ejercicio 2.1

1) -25,000

3) 8

5) -3

7) 300

9) 7

Ejercicio 2.2

1) >

3) <

5) >

7) >

9) <

Ejercicio 2.3

1) -59, -39, -9, 19, 59, 79

3) -42, -21, -11, -6, 0, 23

Ejercicio 2.4

1) 9
3) 12
5) 1
7) 92
9) 23
11) 0
13) 6
15) 20

Ejercicio 2.5

1) 13
3) 103
5) -11
7) -55
9) -17
11) -30
13) 61
15) 25
17) -12
19) 70

Ejercicio 2.6

1) >
3) <
5) <
7) >
9) =

Ejercicio 2.7

1) +31
3) +136
5) -11
7) -106
9) -109
11) -3
13) -16
15) -21
17) -19
19) +14
21) 0
23) -13
25) 0

Ejercicio 2.8

1) -8
3) 10
5) -17
7) -5
9) 24
11) -30
13) -8
15) 0
17) -32
19) 0

Ejercicio 2.9

1) 29 grados
3) $151.80

Ejercicio 2.10

1) 16
3) 12
5) 300
7) -48
9) 81
11) -500

13) 210

15) 210

17) 0

19) -1,000

Ejercicio 2.11

1) -3

3) -8

5) -101

7) no definido

9) 15

11) 161

13) -145

15) +25

17) -25

19) +3

Capítulo 3

Ejercicio 3.1

1) cinco novenos

3) diez décimos

5) dos tercios

7) tres y dos quintos

9) trece veinticincoavos

Ejercicio 3.2

1) $\frac{3}{6}$

3) $\frac{2}{4}$

5) $\frac{12}{13}$

7) $10\frac{3}{5}$

9) $\frac{9}{9}$

Ejercicio 3.3

Parte A

1) Propia

3) Impropia

5) Mixta

7) Propia

9) Impropia

Parte B

1) $\frac{1}{8}, \frac{3}{8}, \frac{5}{8}, \frac{8}{8}, \frac{9}{8}$ puede variar

Ejercicio3.4

1) $\frac{9}{4}$

3) $\frac{204}{25}$

5) $\frac{21}{2}$

7) $\frac{79}{8}$

9) $\frac{35}{21}$

11) $\frac{83}{13}$

13) $\frac{39}{7}$

15) $\frac{1503}{15}$

Ejercicio 3.5

1) $2\frac{1}{2}$

3) $1\frac{1}{6}$

5) $9\frac{5}{6}$

7) $33\frac{3}{4}$

9) $1\frac{7}{8}$

11) $17\frac{1}{10}$

13) $2\frac{14}{17}$

15) $5\frac{0}{18}=5$

Ejercicio 3.6

1) >

3) >

5) <

7) >

9) <

Ejercicio 3.7

1) $\frac{4}{6},\frac{6}{9}$ pueden variar

3) $\frac{12}{18},\frac{18}{27}$

5) $\frac{5}{2},2\frac{1}{2}$

7) $\frac{38}{38},\frac{57}{57}$

9) $\frac{3}{4},\frac{30}{40}$

Ejercicio 3.8

1) Sí

3) Sí

5) No

Ejercicio 3.9

1) $\frac{1}{3}$

3) $\frac{2}{3}$

5) $\frac{3}{10}$

7) $\frac{1}{3}$

9) $\frac{1}{5}$

11) $\frac{3}{4}$

13) $\frac{28}{45}$

15) $\frac{3}{4}$

17) $\frac{7}{8}$

19) $\frac{5}{7}$

21) $\frac{10}{33}$

Capítulo 4

Ejercicio 4.1

1) $\frac{7}{6}$

3) $\frac{12}{5}$

5) $\frac{12}{7}$

7) $\frac{43}{30}$

9) $\frac{1}{6}$

11) $\frac{3}{5}$

13) $\frac{-11}{20}$

15) $\frac{13}{15}$

Ejercicio 4.2

1) $7\frac{3}{4}$

3) $10\frac{2}{3}$

5) $3\frac{2}{3}$

7) $20\frac{1}{12}$

9) $23\frac{7}{20}$

11) $36\frac{1}{2}$

13) $1\frac{1}{4}$

15) $12\frac{2}{3}$

17) $\frac{2}{3}$

19) $13\frac{107}{120}$

Ejercicio 4.3

1) $\frac{3}{8}$

3) $\frac{7}{78}$

5) $\frac{1}{4}$

7) $\frac{31}{70}$

9) $\frac{3}{98}$

Ejercicio 4.4

1) $3\frac{1}{3}$

3) $3\frac{3}{4}$

5) 34

7) 55

9) 30

Ejercicio 4.5

1) 1

3) $\frac{2}{3}$

5) 2

7) $\frac{200}{123}$

9) $\frac{47}{8}$

Ejercicio 4.6

1) $\frac{8}{9}$

3) $\frac{7}{10}$

5) $\frac{192}{259}$

7) $\frac{35}{116}$

9) $1\frac{1}{2}$

Ejercicio 4.7

1) $\frac{8}{15}$ pastel

3) 21 estudiantes

5) $1\frac{10}{63}$ libras

7) $\frac{35}{8}$ ó $4\frac{3}{8}$ horas

9) $\frac{1}{4}$ onza

Capítulo 5

Ejercicio 5.1

1) Cuatro décimas

3) Uno y cinco décimas

5) Ochenta y seis centésimas

7) Ciento cuarenta y una milésimas

9) Nueve y doscientos una milésima

11) Quinientos ochenta y uno y ochocientos cincuenta y una milésima

13) Mil ciento dieciséis diezmilésimas

15) Setecientos sesenta y siete diezmilésimas

17) Veintidos mil doscientos veintidos cienmilésimas

19) Cuatrocientos cuarenta y nueve y diez mil setecientos veintiuna cien milésima

Ejercicio 5.2

1) 0.5
2) 0.005
5) 1.206
7) 0.00507
9) 70.14

Ejercicio 5.3

1) $61+\frac{3}{10}+\frac{2}{100}+\frac{4}{1000}+\frac{6}{10000}$

7 unidades + 2 décimas + 5 centésimas

3) $7+\frac{2}{10}+\frac{5}{100}$

60 decenas + 1 unidad + 3 décimas + 2 centésimas + 4 milésimas + 6 diez milésimas

5) $40+2+\frac{5}{10}+\frac{8}{100}+\frac{7}{1000}+\frac{9}{10000}+\frac{1}{100000}$

40 decenas + 2 unidades + 5 décimas + 8 centésimas + 7 milésimas + 9 diezmilésima + 1 cienmilésima

Ejercicio 5.4

1) 0.7
3) 0.009
5) 0.131
7) 0.2

Ejercicio 5.5

Parte A
Décimas
1) 0.7
3) 2.4
5) 9.5

Centésimas
1) 3.14
3) 11.06
5) 900.77

Milésimas
1) 0.313
3) 26.027
5) 1,020.557

Parte B
1) 16
3) 16.10

Ejercicio 5.6

1) 84.341
3) 29.109
5) 1, 366.66
7) 2,057.425
9) 115,551.71
11) 179.0004
13) 975.02
15) 9,468.61

Ejercicio 5.7

1) 49.33
3) 111.9789
5) 566.58
7) 80.001
9) 4,511.113
11) 5.654
13) 0.22213
15) 51.31097

Ejercicio 5.8

1) 10.4
3) 115.51
5) 3.912
7) 13.3458
9) 24,477.6
11) 12,170.72
13) 0.3531608
15) 345.882
17) 69.836
19) 42.87245
21) 11.2
23) 52,520
25) 960
27) 1,203
29) 304,200

Ejercicio 5.9

1) 6.4666…
3) 14.46…
5) 16.9
7) 4.54645477
9) 1.7
11) 6.76227273
13) 7.15923077
15) 21.47
17) 0.08197436
19) 437.9222…

Ejercicio 5.10

1) 2.8
3) 0.08
5) 0.25
7) 0.05532
9) 0.0006

Capítulo 6

Ejercicio 6.1

1) $25:30, \frac{25}{30}; 5:6, \frac{5}{6}$

3) $16:10, \frac{16}{10}; 8:5, \frac{8}{5}$

5) $3:12, \frac{3}{12}; 1:4, \frac{1}{4}$

7) $3\frac{1}{2}:8\frac{7}{2} \div 8; 7:16, \frac{7}{16}$

9) $8:3, \frac{8}{3}$

Ejercicio 6.2

1) verdadera
3) falsa
5) falsa
7) verdadera
9) falsa

Ejercicio 6.3

1) x = 6
3) x = 100
5) x = 6
7) x = 12
9) x = 36

Ejercicio 6.4

1) 9 km/h

3) $ 17,777.78

5)327.27 millas

Ejercicio 6.5

Porciento	Fracción	Decimal
15%	$\frac{3}{20}$	0.15
75%	$\frac{3}{4}$	0.75
80%	$\frac{4}{5}$	0.8
4%	$\frac{1}{25}$	0.04
12%	$\frac{3}{25}$	0.12
60%	$\frac{3}{5}$	0.6
80%	$\frac{4}{5}$	0.8
40%	$\frac{2}{5}$	0.40
120%	$\frac{6}{5}, 1\frac{1}{5}$	1.2
125%	$\frac{5}{4}, 1\frac{1}{4}$	1.25

Ejercicio 6.6

1) 90%

3) 0.5%

5) 65%

7) 74.3%

9) 12.8%

Ejercicio 6.7

1)0.42

3)0.07

5)0.035

7)0.02

9)0.0563

Ejercicio 6.8

1) 72

3) 200

5) 4.8

7) 37.5

9) 2.625

11) 21.25

13) 1,200

15) 210

Ejercicio 6.9

1) 300

3) 125

5) 58.18

7) 130.95

9) 626.67

11) 66.36

13) 3,395.56

15) 3.33

Ejercicio 6.10

1) 40%
3) 14.3%
5) 18.5%
7) 34.7%
9) 5.3%
11) 70%
13) 27.3%
15) 7.8%

Capítulo 7

Ejercicio 7.1

1) 3
3) 1
5) 2
7) 4
9) 3

Ejercicio 7.2

1) 4
3) 7
5) 4
7) 1
9) 9

Ejercicio 7.3

1) 43
3) 99
5) 1
7) 44
9) 33

Capítulo 8

Ejercicio 8.1

1) $3x^2y^3z$
3) $9x^4 - 37x^2 + 47x$
5) $12x^4 - 16x^3 + 22x^2 - 28x - 3$
7) $39x^3 + 2x^2 - 22x - 3$
9) $14a - 18b$
11) $-x^4 - 18x^3 + 27x^2 - 7x$
13) $3.5x^3 - 1.6x^2 - 4.2x - 35$
15) $17a^2b^2 - a^2bc^3 + 35abc$

Ejercicio 8.2

1) $-4x^2y^3$
3) $-2mn - 31m$
5) $10a^2b^2c^3 - 5a^2bc^3 - 2abc$
7) $-16x^2 + 30x - 54$
9) $-21x^3 + 12x^2 + 13x - 29$
11) $10a^2bc + 9a + 11b - 22$
13) $-7y^2 + 30y + 3$
15) $-x^2 - 19x - 82$

Ejercicio 8.3

1) x^8
3) 5
5) 1
7) $30x^3y^5$
9) 3
11) $a^2b^8c^6$

13) 9

15) $1/x^2$

17) 1/256

19) 1

Ejercicio 8.4

1) $12x^6$

3) $12x^2y^3z$

5) $-462a^7b^4c^7$

7) $-20x + 40$

9) $8x^2 - 4x - 12$

11) $48x^2 - 66x + 21$

13) $10x^3 + 17x^2 - 2x - 4$

15) $12x^4 - 3x^3 - 22x^2 - 57x - 90$

Ejercicio 8.5

1) $6x^2$

3) $4xy^4z^4$

5) $-5x^3y^5z^2$

7) $-3x^6 - 12/5x^2 + 2x$

9) $a^4 + a^3 - a + 1$

11) $x - 6$

13) $4x + 3$, residuo 2

15) $x + 5$

Capítulo 9

Ejercicio 9.1

1) 8

3) 54

5) 34/35

7) 9

9) 3

11) -3/7

13) 2

15) 60

17) 3

19) 8

21) 4

23) 6

25) -68

Ejercicio 9.2

1) 2

3) 2

5) -1

7) 2

9) 2

11) 1/5

13) 1

15) -7

17) 21/10

19) 14

21) 14/23

23) 11

25) 5

Ejercicio 9.3

1) $x + 12$

3) $2x - 5$

5) $x - 30$

7) $2/3\ x$

9) $2x + 80$

11) $1/6(x + 9)$

13) $12(x + 4)$

15) $(x + 13)^2$

Ejercicio 9.4

1) 22

3) 104

5) 27, 28

7) 23, 24, 25

9) 21, 23, 25

11) 36

13) 28

15) 45